野鳥居《やちょうきょ》

中西悟堂協会 編

第9号

【静岡県　富士浅間神社】

中西悟堂記念碑・英文解説看板　披露の会　一

平成三十年九月十六日（日）

富士浅間神社の中西悟堂記念碑

受付スペースに飾られたタペストリー

地元の日本野鳥の会東富士のボランティアによる式典準備のようす

次々と到着される参加者と受付の方々のようす

英文解説看板の紹介をする英訳された川﨑晶子さん（中央右）　看板設置の説明をする萱常雄さん

新しく設置される英文解説看板（左から小谷ハルノさん、萱さん、川﨑さん）

【静岡県　富士浅間神社】

中西悟堂記念碑・英文解説看板　披露の会 二

平成三十年九月十六日（日）

解説看板の経緯説明をする中村滝男事務局長（手前左）と参加者の方々

若手の篠笛奏者の瀬戸洋平さんは、菅さんの愛弟子

～記念ミニコンサート～

オカリナ演奏をする波多野杜邦さん

参加者一堂で記念撮影

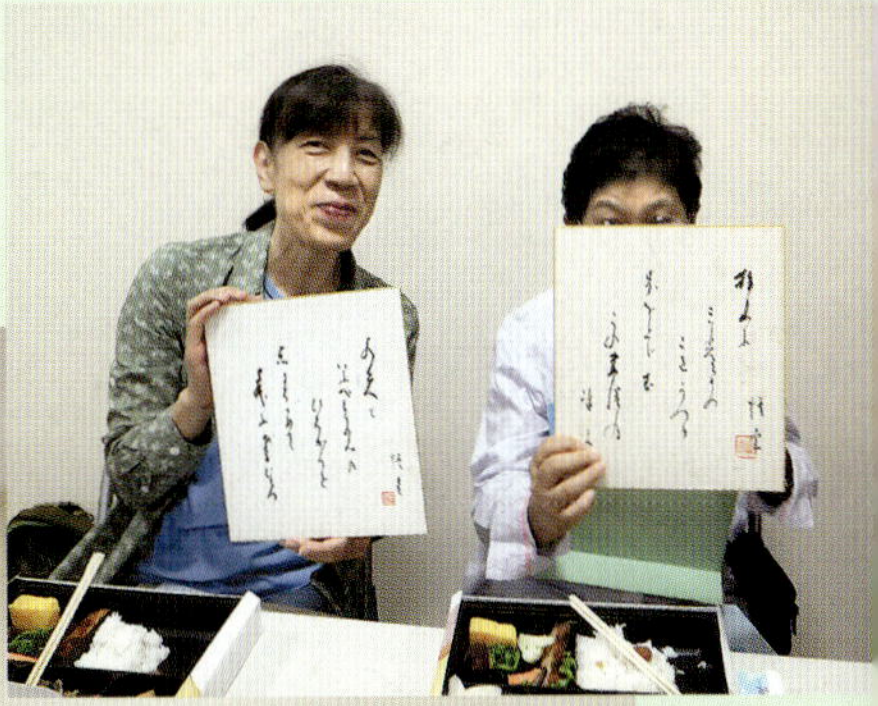

道の駅須走で昼食会、参加者に小谷ハルノさんから
悟堂氏ゆかりの品がプレゼントされました。

【静岡県　富士浅間神社】

中西悟堂記念碑・英文解説看板 披露の会

《須走・道の駅周辺の探鳥会》

式典終了後に場所を移動して、安西英明氏担当の探鳥会が行われました。

富士支部長でもある菅さんの説明を聞く参加者

野鳥の説明を聞きながらの探鳥風景

鳥の声を聞きながらの探鳥風景

安西さんによる生きもの誕生のワークショップ

【東京都　福生市加美上水公園・自然塾】

故 津戸英守会長を偲ぶ会　一

平成三十年十一月五日（月）

悟堂が戦前に計画した『野鳥村』について説明する中村滝男事務局長

自然塾（旧尼寺）の塀に飾られた野鳥居などのタペストリーと
鑑賞する参加者たち

【東京都　福生市加美上水公園・自然塾】

故　津戸英守会長を偲ぶ会　二

平成三十年十一月五日（月）

自然塾（旧尼寺）の中西悟堂コーナー

自然塾(旧尼寺)のお庭

然塾で鈴木孝夫先生（左）のお話を聞く参加の方々

中西悟堂協会が2015年5月10日に東京都福生市加美上水公園に
「中西悟堂生誕120周年記念イベント」で設置した
「夢の野鳥村跡地」のプレート前で挨拶される故津戸英守会長

野鳥居 9号

目次

巻頭言

中西悟堂協会会長であった津戸英守氏は、平成27年（２０１５年）11月16日に福生市香美上水公園で開催した「中西悟堂生誕１２０周年の集い」の後に体調を崩されたことから、中西悟堂協会の活動は体調の回復を待って休止しておりました。

平成29年（２０１７年）9月18日、95歳でご逝去される直前の同年9月1日付けで、生前最後の活動を掲載した『野鳥居』8号を発行し、ご自宅にお届けできました。ご遺族のご配慮によりその『野鳥居』8号は棺に納めていただきました。

振り返ってみれば、中西悟堂協会が設立された経緯は、平成17年（２００５年）4月、故中西悟堂氏が戦前に疎開されていた東京都福生町に計画された幻の『野鳥村』構想の地（現在の福生市香美上水公園や隣接する田村酒造など）を、津戸英守氏、高萩至氏、鈴木君子氏とわたしの4名で訪れたことに端を発しています。この集いは、後に中西悟堂研究会による「第１回中西悟堂事跡の旅」と称されるようになりました。

平成16年（２００４年）6月に富士須走で開催された「日本野鳥の会設立70周年・記念碑建立」実行委員長を務められた津戸英守氏は、実行委員会の解散にあたって「中西悟堂賞」の創設を提案されましたが、当時の日本野鳥の会は、ご提案いただいたような「中西悟堂賞」を創設する状況にありませんでした。

そこで、故中西悟堂氏のゆかりの地を訪ねながら、「中西悟堂賞」創設の可能性について探ろうとしたのが、「中西悟堂研究会」（後に中西悟堂協会に改称）による「事跡の旅」をはじめたきっかけだったのです。

こうした経緯もあり、『野鳥居』の主筆で「中西悟堂賞」提唱者でもあった津戸英守会長がご逝去された後、「中西悟堂協会」を解散し、『野鳥居』も廃刊すべきかと思いましたが、設立メンバーの鈴木君子氏に加えて、川﨑晶子氏、島田利子氏が新たに編集委員に加わっていただいたことから、津戸英守会長のご遺志を継いで『野鳥居』と「中西悟堂賞」を継続することが決まりました。

思えば、最後までわたしに託された故津戸英守会長の言葉は、『野鳥居』と「中西悟堂賞」を継続してほしいというものでした。

「中西悟堂さんの思想は、太陽のように古くて新しい」と常々語っておられた津戸英守会長のご遺志を継承していくことが、津戸英守氏より「中西悟堂協会」と新『野鳥居』編集委員会に引き継がれた課題ではないでしょうか。

微力ながら、故津戸英守会長のご遺志を実現できるよう努力して参りたいと存じますので、『野鳥居』読者の皆様には今後ともどうぞよろしくお願いいたします。

令和元年（２０１９年）５月10日

中西悟堂協会　津戸英守会長代行

中村　滝男

追悼

津戸英守会長を偲んで

誰よりも中西悟堂氏を敬仰された津戸英守会長が、平成29年（２０１７年）９月18日に95歳でご逝去されました。ここに、津戸英守会長のお人柄を知る関係の方々の追悼文を特集させていただきます。

（合掌）

津戸会長を偲んで

公益財団法人日本野鳥の会　主席研究員
安西　英明

逸話や職歴

２０１７年９月、津戸先生の訃報に愕然とした。『野鳥居』第７号に掲載された昭和18年（１９４３年）５月の写真を再度、掲載させていただくのは、この写真を津戸先生に見せられた際に、「この頃の話しを安西君に教えておくから」と言われていたからである。先生の体調が芳しくないことは聞いていたので、暑い夏が過ぎたら津戸先生を訪ね、貴重な当時のお話を書いて残そうと考えていた矢先のことだった。

横浜の悟堂先生宅にお邪魔したことがある。悟堂先生はお酒はお嫌いと伺っていたが、私たち若造の訪問が嬉しかったのか、多々頂いても自身は飲まないか

野鳥の会研究部最後の会合写真

らと、日本酒を振舞って下さった。私は悟堂先生に勧められるままにしこたま飲んで調子に乗ってしまい、歴史的偉人を前に、昔話しまでしてしまった。東京湾にサカツラガンが飛来していた頃の話がきっかけだったように思うが、「東西線の行徳駅が出来た頃、駅の裏の蓮田でバンの親子を見たことがあるが、今や行徳駅周辺は賑やかな町になってしまった」ような話しを偉そうにしてしまった…そこはさすがの悟堂先生、「バンは新宿駅の裏の田んぼでも繁殖していた」とさらに大昔の話しを返して下さった。

そんな話しを津戸先生にすると、その何倍も貴重な悟堂先生との思い出話しを次々と教えてくれたものだ。ことに戦争中の逸話には凄いものがあった。例えば、津戸先生が横浜で従軍されていた頃、こっそり抜け出して電車を乗り継いで奥多摩まで出向かれた話しを聞かされた私は、「当時、それは見つかったら大変だったのでは?」と尋ねた。「ばれたら軍法会議ものだよ」と津戸先生は笑っておられた。

先生のご令嬢、三浦三枝子さんに伺ったところ、「父は、横須賀の海軍病院にいた様です」とのことで、葬儀の際に配られたものには「昭和18年10月21日明治神宮外苑で行われた学徒出陣壮行会を経て日本帝国海軍横須賀基地に海軍中尉として任官。」と記してあった。ちなみに続く職歴には次のように記されている。

昭和20年5月 宮内大臣より『正八位』を授与される。谷保天満宮の62代目宮司であり多摩地区初の開業歯科医の津戸善守の後を継ぎ、立川市曙町にて開業する。昭和62年9月先祖伝来の生誕の地、国立市谷保瀧之院にて開業する。

鳥類学の歴史に関わる研究部

昭和18年(1943年)5月の写真は、野鳥の会研究部の最後の会合写真とのことで、前列左から二人目がまだ若き津戸先生、6人目が悟堂先生だ。『野鳥居』第7号に掲載された際のキャプションでは「その後、若者は学徒出陣で、又、敗戦も近づき疎開で自然解散となる」と記されている。

戦前の鳥類学は殿様や華族の研究者が主流であったが、戦後、巷の研究者が多数活躍する土台になったという側面が、この研究部にはあったと思う。日本野鳥の会研究部は昭和14年（1939年）に発足した。昭和18年（1943年）の『野鳥』1月号では「山階芳麿侯爵邸へ集合の本会研究部員」という口絵写真が掲載され、9・10月号では悟堂先生自ら18頁にわたって研究部の活動について書かれている。津戸先生は昭和18年の『野鳥』では、多摩地区のヤマセミやコミミズクなどで3回の観察記事や埘調査で7種の報告を書かれ、戦争で廃刊となる昭和19年にも、2月号でタマシギについて書かれている。

5月の会合写真は『野鳥』には見出せなかったが、撮影場所である井の頭公園の御殿山は、実は私のフィールドであり、私が子供の頃まではサンコウチョウが繁殖していた。日本野鳥の会のスタッフによる自主的な勉強会がここで開催された際、「ここは研究部最後の会合写真が撮られた場所だ」と伝えたが、詳細は津戸先生にお聞きして書き記すつもりでいた…残念至極である。

野鳥の会、鳥学会、鳥類保護連盟

津戸先生は、『多摩のあゆみ』（たましん地域文化財団、1944年）への寄稿によると、昭和14（1939年）年10月頃（旧制の府立二中、現立川高校）に日本野鳥の会に入会された。1989年には日本鳥学会の『日鳥学誌』に「鳥学会入会の思い出」という一文を寄せられていて、そこでは、日本野鳥の会発足5年後、普通会員として年会費6円を払い込んだと書いておられる。鳥学会へは昭和17年（1942年）に入会されており、1987年に鳥学会への寄付により創設された津戸基金は、今も継続されている。1988年の第1回津戸基金シンポジウムのテーマは「カッコウと宿主の相互進化」で、当時日本野鳥の会研究センターの立場で樋口広芳氏が基調講演をしている。

津戸先生の著作である『日中愛鳥教育交流5000

キロ』(けやき出版、1992年)によると1987年5月に中国からの視察を受け入れ、同年12月に日本鳥類保護連盟監事として津戸先生を団長とする日本からの視察団が訪中している。中国でトキの再発見が1981年で、中国からトキのホアホアを譲り受けたのが1985年、1999年に譲り受けたヨウヨウとヤンヤンで繁殖が成功し…、今日の佐渡での放鳥に至る歴史には、津戸先生らによる日中交流が貢献してきたことだろう。津戸先生は、高齢になられても「中国トキ保護視察団」としての訪中を楽しみにしておられた。

日本鳥類保護連盟の事務局、岡安栄作氏にざっとまとめてもらったところ、同連盟での役員歴は、監事就任1988年(〜1997年)、理事就任1987年(〜2014年)、受賞歴は2001年「みどりの日」自然環境功労者環境大臣表彰、2007年愛鳥週間野生生物保護功労者表彰連盟総裁賞などがある。

私自身が津戸先生に最もお世話になったのは、日本野鳥の会の70周年の記念事業においてであるが、そこでの津戸先生のご活躍は中村滝男さんが書いた方がいいと思うので、ここではその後、毎年のように年末にご寄付を賜っていたこと、立川の津戸宅に伺った際は、いつも細々と御奥様、芳恵さんが気遣って下さったことを記し、最後は小冊子「私たち日野市の野鳥」に触れておきたい。

日野市の土地をお借りして「鳥と緑の日野センターWING(当初、研究センターもそこに設置されていた)」を運営していた日本野鳥の会が2010年に制作し、日野市の学校や児童に配布した冊子が、「私たち日野市の野鳥」である。津戸先生に監修をお願いしたら、印刷代のご寄付も賜った。冊子内の「日野の野鳥いまむかし」は、津戸先生による多摩地区での戦前からの鳥の記録と、今日の記録を比べた結果を元にしている。増えた鳥、減った鳥などをリストに印したが、その後、このリストは全国的に使えるということで、引き合いが多かった。

津戸先生の葬儀の際、三浦三枝子さんと相談させていただき、「私たち日野市の野鳥」を会葬として参列者に差し上げることができた。津戸先生のご尽力やご貢献に感謝し、ご冥福をお祈りする次第である。

日本野鳥の会70周年記念の記念碑序幕式でのようす
（右奥が津戸先生、その左は鈴木孝夫、柳生博）

初の探鳥会で泊まった米山館で挨拶される津戸先生

津戸先生に誓う

公益財団法人日本野鳥の会　理事長
遠藤　孝一

２０１７年９月26日、津戸英守先生のお通夜に栃木県の自宅から出向いたときのことは忘れられません。日本野鳥の会副会長、上田恵介とともに、中西悟堂先生の長女、小谷ハルノさんにご挨拶させていただく機会にもなりました。小谷さんだけでなく、参列者の皆様一様にお力を落とされていましたが、参列者への会葬として配られた小冊子『私たち日野市の野鳥』の「はじめに」に掲載された津戸先生の静かな笑みを蓄えた表情で、少し救われた気持ちになりました。

津戸先生は生前、常々「中西悟堂の継承」を言ってこられました。オオタカの保護や研究に30年以上費やしてきた者として、悟堂先生ら先達のご尽力は聞き及んでおりますし、一昨年から理事長を拝命した者としては、その歴史を繋いでいく責務も強く感じています。

バードライフインターナショナルのパートナー団体である日本野鳥の会は、世界的視野も求められますが、前理事長の佐藤仁志は「悟堂先生が東洋的思想をバックボーンにされていたことを忘れるな」とよく言っていました。一昨年の連携団体総会の講演で鈴木孝夫先生をお招きして関連したお話を聞くことができ、野鳥の会という枠を超えた日本の責務とも言うべきものがあると思いを強くしました。

現在、安西英明主席研究員に当会スタッフ向けの勉強会を毎月実施してもらっていますが、そこでは当会の歴史も含めており、1月、2月は、津戸先生や鈴木孝夫さんが加わっていた研究部について触れたそうです。野鳥誌では昭和19年以後、25周年記念号まで触れられていないようですが、日本野鳥の会東京支部が１９９１年に発行したユリカモメ「中西悟堂特集号」に津戸先生が寄稿した「悟堂さんとともに」によると…終戦の前年、野鳥の会研究部の会報を出版する予定であったが、原稿も紙型もすべて空襲で灰になってしまった…そうです。

いずれにせよ、歴史に刻まれる悟堂先生の実績の数々が、現在の私たちの活動の基盤になっており、先生のお考えや情熱に共鳴し、支えてこられた津戸先生らの尽力によって現在があることを肝に銘じて、これからも野鳥保護・自然保護を推進して参ります。

津戸先生の言葉と思い出

公益財団法人日本鳥類保護連盟
普及啓発室 室長
岡安 栄作

故 津戸英守先生のご冥福を謹んでお祈り申し上げます。

当連盟をはじめ数多くの団体、その関係者、さらにこれまで野鳥に携わってこられた多くの重鎮と呼ばれる方々と深い接点があり、野鳥を心から愛し続けた偉大で豪快な方でした。

この世界（鳥業界）に身を置き、まだ十数年の者が津戸先生について語るとは極めて恐縮でありますが、思いをつづらせていただきます。

津戸先生との初めての出会いは、機械工学の世界から2回目の転職となる日本鳥類保護連盟に再就職し、ほどなくして直接お会いした時のことです。お年を召しているが眼光は鋭く、鼻筋が通り、今で言うイケメン。大変失礼な表現ですが、当時の素直な印象です。鳥の知識がない私に鳥業界の歴史、多摩川の野鳥の変遷、そして、中国のトキについて熱く語り、すべて初めての世界であったこともあり、話に引き込まれました。

一般種の識別も怪しく、外国は新婚旅行のハワイオアフ島のみという渡航経験でしたが、津戸先生が団長の中国トキ保護観察団（２００６年９月）に同行することになりました。事前に津戸先生から陜西省洋県に棲息する野生のトキについての現状や歴史をはじめ、３０００ｍの山脈越え、危機一髪の崖っぷちの蛇行した道路など現地までの道のりについて、「農村地帯は、昭和初期の田園風景が広がりまるでタイムスリップだ。」「すべてが辛い(今で言う激辛)日々の食生活に気を付けろ。」など、ドラマティックな説明に目が点になりました。まさか、すべて脚色なしの現実であったことを後に体感することになりました。

中国滞在中、輝くように脳裏に焼き付いた津戸先生のお姿が浮かびます。現地の小学校をはじめ、トキの飼育施設を巡る先々で手厚い歓迎を受けており、これまでの長きにわたる貢献を感じ、中国のトキに対する熱い思いが伝わりました。直接的なトキの保護も必要ですが、まず、現地のトキに対する保護意識をはじめ、人との交流が大切だと感じました。

「中国に来たのだから、石の印鑑を作って帰国しなさい。」と言われ、滞在先のホテルで手彫りの印鑑を注文しました。「キミは、戌年だから、犬の彫刻があるものが良い。」と言われ素直に注文。認印程度の市販の印鑑しか持っていなかったが果たして使う機会があるのか半信半疑でした。ところが、2年前、ひょんなことから「実印」が必要となり、(今まで実印の必要性がなかったのも不思議)ふと思い出し、机の奥にしまっておいたあの石の印鑑を探し出し、早速、実印として印鑑証明を取ってきました。今では、岡安家の実印となり今後、使用するたびに当時の津戸先生の思い出が沸きあがる存在となっております。

最後に津戸先生からの印象的な言葉は、「岡安くん、今後日本は、昆虫食になる。だから、今からいろいろな昆虫を食べたほうが良い。」です。この豪快さが大好きです。これまで、当連盟を真正面から全力で支え、常に職員の事を気にかけてくださった津戸先生に心から、心から感謝申し上げます。

野鳥居に触れ、故津戸英守先生を偲ぶ

笠原　逸子

私は生態系トラスト協会の一員ですが、日本野鳥の会では神奈川支部に所属しています。それぞれの会の広報誌や神奈川支部長から中西悟堂協会の話を聞き、横浜で開催された第2回研究大会に参加した際に「野鳥居」と出会い、津戸英守先生の活動にも触れました。悟堂先生の精神を継承し、広く世間にその功績を伝えようとされていた津戸先生を知り、また一昨年から公益財団法人日本野鳥の会の理事を拝命したことで、津戸先生の存在を強く意識しました。

この度中西悟堂先生を支えてきた津戸先生について書かせていただく機会を得て、改めて野鳥の会の歴史を勉強することができました。理事会などでも時折悟堂先生の話や会の歴史が話題に上ることがありますが、悟堂理念の継承を言ってこられた津戸先生の意を汲むためにも、またこれからの野鳥保護のためには何が必要か、改めて歴史に学ぶことで未来の構築に貢献していきたいと思います。

例えば現在、5代目の日本の野鳥の会会長である柳生博は、NHKの自然番組に関わりだした頃、スタッフを鼓舞する際に「左手にサイエンス、右手にロマン」と言っていたそうですが、この原点は悟堂先生の思い「科学と芸術の融合」にあると言ってよいでしょう。現在の日本野鳥の会の事業でも、柳生会長をホストにしたサロンコンサートは「科学と芸術の融合」を具現化しているものと言えます。去る2月8日、詩の朗読とオーボエとハープによる演奏を軸にしたサロンコンサートでは、小谷ハルノさんをお招きすることができたそうですが、津戸先生がご存命であれば一度津戸先生にもご覧いただきたかったと思います。

私の本業は幼稚園教諭ですが、野鳥や自然について子どもたちとその保護者にどうように伝えていくかを大切な事柄と考え、日々奮闘しております。津戸先生が書かれた寄稿文からは、当時はその事が針山を突くような活動であったことを知りました。日本野鳥の会東京支部（当時）が１９９１年に発行したユリカモメ「中西悟堂特集号」に津戸先生が寄稿された「悟堂さんとともに」を改めて読み直してみると、戦前のご苦労に続き、戦後の苦闘も記されています。悟堂先生が野鳥誌の復刊のために無理を重ね健康も害するような中で、津戸先生は悟堂先生と共に多摩地区の学校を廻って、野鳥保護や自然保護の話しをされていたようです。授業の後の先生方との座談会で一部の教師から「野鳥をそんなにして守る事にどんな意味があるのか」と質問され、唖然としたという記事に、当時の野鳥保護の難しさが感じられます。また市内のツバメの調査に児童・生徒の手を借りた時などは教職員から猛烈なクレームが出され中止した記憶があると言う段では、小学校に於いてさえ野鳥に対する係わり方が大変厳しい事が垣間見えます。

　現代において子どもたちの世界には電子機器やネット依存という大きな壁が立ちはだかっています。野鳥や自然に接することは、当時お二人の先駆者が歩んでこられた時代同様、新たな厳しさをはらんでいると感じながら、わずかながらでも先人の思いを胸に頑張っていきたいと思います。

物知りでエネルギッシュな好好爺

川﨑　徹郎・晶子

　津戸先生は標題の通りの方でした。二〇〇九年、二〇一一年と中国トキ保護観察団に参加してから特に親しくさせていただきました。中国の旅ではトキが本当に身近にいました。田んぼにコサギがいるのと同じような感じでトキが棚田にいました。人がいることが気にならないのか、目の前で餌をついばんでいた二羽のトキは二手に分かれ我々の右と左ギリギリの所を通って向かいの木に飛んで行きました。共生とはこういうものかと感じました。観察団は二〇一一年が最後だったそうですが、そんな光景を毎年だれかに見る機会を作ってくださっていたこと、心から感謝しています。

トキを見るだけでなく、中国も少し理解しました。トキの群れには担当の人がいて、ねぐら入りの場所や数を数えていました。ねぐらはいつも同じというわけではなく追跡は大変そうでした。トキの数がもっと増えるといいですねと言うと、数えるのが大変になるので今ぐらいがいいという返事で、それになんだか納得。小学校訪問では子ども達がトキのことを詳しく知っているのに驚きました。トキのために何をやっているかという質問に対し、親に農薬を使わないように頼んだという答えがありました。意識改革は子ども達から浸透していく様でした。高速道路の上を歩いて箒で掃除している人、車が走っているのにもかかわらずのんびりおしゃべりをしながら車道の真ん中を歩いている女性達、大開発で農地をつぶしビルを建てている脇の新しい道路の街路樹の間に野菜を植えているおばあさん、その向こうの残った農地ではトキが餌を食べていました。断片的ですが新旧が混在する力強い中国とそこでのトキも見ることができました。そして、小さな町の壺入りの鶏のスープ、都会の多種多様な餃子づくしのレストラン等、津戸先生の厳選なさったグルメの旅でもありました。津戸先生は美味しそうに良く召し上がる。これが先生のエネルギーの元なのだと思いました。

晶子は数年前ですが、津戸先生のご自宅にうかがい先生の野鳥事始めをうかがったことがあります。とっても素敵な奥様と先生は阿吽の呼吸で、津戸先生がダンディーなのは奥様のおかげと確信しました。津戸先生と「野鳥」ということばとの出会いは昭和十三年、朝日新聞の『野鳥』の広告。悟堂先生のところに手紙を書き送金し、コジュケイの表紙の『野鳥』を入手。三年ぐらいして、九段下のあたりにあった雑誌の古本屋で荒縄に結ばれた山積みの『野鳥』を見つけ創刊号から購入、リュックで何回かに分けて家に持って帰ったそうです。それまで単に虫や鳥が好きだった津戸先生にとって『野鳥』は知らない世界を教えてくれるすごい本だったとのこと。昭和十六、七年ごろは富士山麓の探鳥会に参加、探鳥会の後は山中湖の山階芳麿侯爵の別荘でモーターボートに乗るなど大人に交じって様々な体験もなさったようです。昭和十四年研究部発足。若い人を育てようという研究部の活動には、鳥だけでなく花や虫やいろいろな事にくわしい博学の年配の人や先輩も参加していておおいに感化されたそうです。全国が禁猟区で特定の場所が猟区であるべきと、悟堂先生も実現したかった理想の日本全土サンクチュアリー案も熱く語っていらっしゃいました。

津戸先生は父親の世代、比叡山や福生など悟堂協会の行事の時には車にのっていただき、その車中でのおしゃべりはとても楽しかったです。福生にご一緒したとき石垣が続いているところがあり、多摩川の河原の大きな丸い石でできているのだとその素晴らしさを情熱的に語ってホームグラウンドを紹介してくださいました。福生から立川のおうちにお送りしたあと、津戸先生のことがもっと知りたくなり、先生のルーツの谷保天満宮に行ってみました。大きな梅林があり、社殿は上っていくのではなく下っていくとその先にありました。階段のあたりやその周りの木の上には実に立派なニワトリがたくさんいてしばしニワトリ・ウォッチング。歴史がありながら肩肘張らない、雰囲気のあるところでした。改めて、また訪れたいと思っています。

津戸先生を偲んで

小谷　ハルノ

昭和十四年、父は野鳥の会の中に研究部を作り、将来に備えた折の人を育成しようとした。その中の一人が津戸さんである。

ホームグラウンドである多摩川の野鳥に挑んで、その研究に打ち込んできた方である。「野鳥」誌昭和五十二年十一月号に「多摩川の野鳥」を掲載されている。又、父は誠実一途の人と評してきた。津戸英守さんは、菅原道真直系の嫡流で、国立市谷保の天満宮の神官を世襲したのであるが、父上が立川で歯科医を生業としたため、後を継がれた。天満宮は親戚の方が継がれたと伺ったことがある。

歯の治療では、父も時折お世話になった。又、妹が小学校四年生の時、紫斑病という大病に見舞われ、地域の福生病院から立川病院に転院した折には、津戸さんのご自宅に母が泊めていただいたり、生活面でも大変お世話になったのである。

しかし、母が存命中は、私は津戸先生とほとんど個人的な接触はなかった。父の死後、中村滝男さんが『中西悟堂研究会』立ち上げるにあたって、会長になっていただくには誰が良いかと相談に来られ、津戸さんが良いと薦めたのがきっかけで、後に私も会に顔を揃えるようになったのである。以来、私は津戸さんを津戸先生とお呼びするようになった。「野鳥居」二号では津戸先生が〝中西悟堂を支え続けた八重子夫人〟と題して母のことを非常に好意的に書いてくださっている。父の名声、名誉は、母・八重子の理解と協力、そして物心両面をささえたたまものであると言われたが、中西家を見てこられ、理解された方であるからこそで、それだけ深いおつき合いであった。私が二十回に及ぶ事跡の旅をご一緒したこと、又、二回中国の旅(●江蘇省バードウォッチング、幻の動物四不象探訪、●トキ保護視察団)にまで同行させていただいたことは、父も母も想像だにしなかったに違いない。私にとって貴重な体験と思い出になった。津戸先生には感謝の意をささげると共に、父母と八十年に及ぶ交誼をあちらで語り合いつつ、安らかにお休み下さいと申し上げたい。

津戸英守先生を偲んで
～トキとの出会い～

公益財団法人日本鳥類保護連盟　会員
後藤　袈裟登

私が津戸先生と初めてお会いしたのは、日本鳥類保護連盟（以下、連盟という）主催の第一回中国トキ保護観察団でした。この観察団は、一九九六年八月十日から十六日の七泊八日の日程で、連盟専務理事の星澤一昭氏を団長に、総勢十五名が参加し行われました。先生は、海外にまで足を伸ばし野鳥観察を行うほど、野鳥のことがとてもお好きな方のように思いました。私も幼少の頃より、野鳥が大好きで、野鳥を見に、よく野山を駆け巡ったものです。そのため、先生に対して、殊のほか親近感を覚え、お会いできて本当によかったと思いました。

当時、私は定年を間近に控え、多忙でありましたが、トキの研究を行っている関係から、野生のトキを観察でき、また先生とお近づきになれたことに大変感謝しております。

先生は、私よりも一回り以上年齢が上でいらっしゃいましたが、お話が面白く、旅行中は大変楽しませていただきました。宿泊場所の唐華賓館に程近い大雁塔を見学する際、私は無理言って先生を六階までお連れし、お体にご負担をかけてしまいましたが、先生は塔の窓から西安の街並みを、じっくり

第４回中国トキ保護観察団秦嶺山脈にて

とご覧になられ、大変喜んでいらっしゃったお姿を、今でも昨日のように思い出します。こうして、先生とお近づきになれたのを機に、翌年も観察団に参加するよう熱心にお誘いを頂きました。

先生は、一九九九年から、団長を務め、観察団を盛り立ててくださいました。戦時中は、海軍の軍医だったご経験もあり、健康面をはじめあらゆる面に対して、お心配りをしていただき、参加者も安心して旅行を楽しむことができました。その時、リーダシップをお持ちのお人柄を窺い知ることができました。こうして先生のお蔭により、中国トキ保護観察団は、二十回すべてが事故もなく、無事に終了しています。帰国後、先生は大変お疲れになったためか、空港の食堂で、よくアイスクリームやお寿司などをゆっくりと堪能されていたお姿が、今でも忘れられません。

この観察団は、多いときで二十三名、少ない時で五名、平均して約十五名の参加者があったようです。先生を団長に、連盟本部からは、杉本吉充事務局長、そして私の三名は、毎年必ず、参加していました。先生は、連盟では理事というお立場で、中国のトキ保護を通じて、国際協力の推進に努めていらっしゃいました。また、当時、連盟では、環境庁より中国トキに関する調査業務などを行っていたため、先生をはじめ事務局の方々は、大変なご苦労があったように思います。

先生の思い出は尽きませんが、もう少しご紹介したいと思います。先生は旅行中、ギャグをおっしゃることがとてもお好きでした。特に、食事中、常にギャグをおっしゃり、団員を笑わせ、その場を明るくすることに心掛け、細やかなお心遣いを感じたものです。また、先生はカメラやビデオに大変興味がおありで、毎年、新製品をご持参になって、膨大な記録をお一人で撮影されていたお姿など、その思い出の一つ一つが、私の心のアルバムに大きく刻まれています。

またいつでしたか、連盟主催の『愛鳥懇話会』というパーティに参加した折、お召しもののコートの裏側に若々しい絵柄を誂えて、とってもダンディーな一面を垣間見ることができました。その時、奥様もご一緒で、とても素敵なお着物を召されていたことが思い出さ

新潟県佐渡市の佐藤春雄先生ご自宅にて
（左から、後藤、津戸英守先生、佐藤春雄先生、杉本吉充さん）

れます。このパーティには、常陸宮・同妃両殿下がご臨席になられ、その際、私はご挨拶申し上げるとともに、観察団で見たトキのことをお話しすることができました。

最後に、私が先生とご一緒に、トキを観察したのは、二〇〇九年、新潟県佐渡で行われた第二回トキ放鳥式でした。私は長年に亘ってトキを研究してきた結果、トキという野鳥を通じて、津戸先生とお会いできたことに、改めて感謝申し上げたいと思います。そして、先生のお人柄に少しでも近づきたい気持ちでいます。先生を偲びつつ筆を置きます。

お目にかかれることが幸せだった愛鳥懇話会

島田　利子

（公益財団）日本鳥類保護連盟主催の愛鳥懇話会は、毎年12月の中旬頃に、日比谷公園内にある「松本楼」で開催され、総裁であられる常陸宮殿下、華子妃殿下をお迎えして、関係者が全国から集まる会です。１００数十名の方々が出席され、当日は愛鳥週間用原画ポスターの総裁賞受賞者（全国の小、中、高校から応募のうちの最高賞）の生徒が宮様から表彰もされる会です。

そのような会に毎年、津戸英守先生は奥様の芳恵様といつもご一緒に参加されておりました。奥様はいつも素敵なお着物姿で、連盟に貢献され表彰されたこともありました。

私は、お二人にお会いできることを毎年楽しみにしておりまして、10年くらい前から小さな贈り物を奥様にお渡しさせていただいておりました。毎回お話できるのがうれしいからです。私の心ばかりの贈り物に対して津戸先生からは高価な贈り物をいただき、恐縮しておりました。時には帝国ホテルの高級なスープセットを送ってくださったこともあり、プレゼントを工夫する必要があると考えるようになりました。

ある時、津戸先生はネクタイを見せてくださり、野鳥の写真でオリジナルのデザインを作ってくださるところがあるというお話をしてくださいました。とてもおしゃれでお似合いでした。いつも、ご夫婦ともに笑顔で話しかけてくださることで、私も毎年楽しみでした。

そして、6～7年前から連盟のことで、大変心配されていられることがあり、私に連盟の会計について毎回お話をされるようになられ、詳細な内容をお手紙で自宅に送ってくださったこともありました。連盟の危機をその当時は感じておられて何とかしなければならないと本当にご心配されておられました。常に何事にも情熱をもって接していられて私はその心意気を学ばせていただきました。

2013年12月11日　日比谷「松本楼」にて

愛鳥週間用ポスターの受賞者の
ご家族と記念写真

2014年(H26年)7月6日は高知県高岡郡四万十町大正にある「四万十ヤイロチョウの森　ネイチャーセンター」のオープニングの日でした。東京からは大変遠い四万十町までご夫妻は行かれ式典に出席されておりました。偶然地元に住んでおります私の義理の兄が当時、四万十町議会議長をしておりましたので津戸先生とお目にかかっておりました。後にご丁寧に、年賀状を頂き、お礼を書いてくださっていたと申しておりました。

この式典の記念写真には、前列中央にお二人でお座りになられておりました。奥様が遠方にもかかわらず、お着物でしたのでその年の暮れの愛鳥懇話会の折に津戸先生に

「奥様が高知までお着物でいらして素晴らしいですね。」

とお話いたしましたら、何と

「洋服を一枚も持ってないので常に着物を着ています。」

とおっしゃったので大変驚きました!

お似合いのご夫婦で私のあこがれでもありました。お目にかかれたことを光栄に想い、現在私は津戸先生がなさっていられた連盟の理事をさせていただいております。津戸先生の想いを引き継いで少しでもお役にたてればと思っております。

いつでも温かい眼差しでお声をかけていただきましたことを忘れることはございません。

心より感謝申し上げます。

合掌

津戸英守先生の思い出

公益財団法人日本鳥類保護連盟　元事務局長

杉本　吉充

平成二十九年九月十八日に津戸英守先生がご逝去され、一年半の歳月が過ぎました。私が日本鳥類保護連盟（以下、日鳥連）在職中の約二十三年間、先生には公私ともに本当にお世話になりました。亡くなる数年前から、体調を崩し入退院を繰りかえされていることを伺っていましたが、あまりの突然の訃報に対し、呆然として、埋めようのない寂寥感を感じたことを今でもはっきりと覚えています。

私事で恐縮ですが、この年の一月に父を、三月には日鳥連時代に苦楽を共にした同世代の井上雅英君を、そしてその半年後に先生の訃報に接しましたので、まさに失意のどん底と言っても過言ではありませんでした。先生がお亡くなりになって以降、私は野鳥に関することから意識して遠ざかるようにしていました。それは、先生とご一緒した数々の思い出が走馬灯のように蘇り、遠く旅立っていかれたことをいまだ納得できない自分がいたからです。

しかしこの度は、生前の先生のご恩に対し少しでもお役に立ちたいという思いから、誠に僭越ですが、日鳥連時代に私が存じ上げている先生の功績や思い出の数々を語らせていただきたいと思います。

振り返ってみると、私が先生と初めてお会いしたのは平成四年十一月、日鳥連主催の第三回日中愛鳥教育交流訪中団の打ち合わせでした。東京都国立市谷保滝之院にある先生の歯科医院へお伺いし、中国の自然保護の現況や渡航に関しての諸注意を長時間に亘って拝聴いたしました。当時の私は野鳥の知識も渡航経験も皆無でしたので、不安と緊張で会合に臨みましたが、そんな私に対して、先生はいやな顔ひとつせず、一つ一つ優しく丁寧に、また時折、冗談を交えながらレクチャーしてくださいました。この時、先生の識見の豊さと誠実なお人柄に触れ、医院をあとにしたことを覚えています。中西悟堂先生も、著書『定本　野鳥記十四巻』（春秋社）において、津戸先生のお人柄を、「資性柔軟にして謹直、軽佻浮薄の言動のない廉潔な人格」と称賛されています。

先生のこうしたお人柄のためか、自然保護関係者はもとより、政治家、実業家、芸能人など多方面に亘って交友関係をお持ちで、先生とご一緒するたびに色々な方をご紹介していただきました。今でもご紹介いただいた何名の方とは親しくお付き合いをさせていただいています。

そして、この日を境に、その後行われる中国トキ保護観察団をはじめとする諸行事に、二十年以上に亘って、ご一緒させていただくとは、夢にも思っていませんでした。

日鳥連における津戸先生の役職は、昭和六十年四月に監事にご就任になられ約十二年間、また平成九年からは、理事として約十八年間、延べ三十年以上に亘って役員という要職をお務めいただきました。その間、会務運営に鋭意努力され多大な貢献をされています。

特に、中国における愛鳥教育の普及啓発やご寄付等を含めたご支援については、今日の日鳥連の礎を築いたといっても過言ではないと私は思っています。役員退任後の平成二十六年以降は、顧問というお立場で財団を支え、お亡くなりになる迄の三年間お務めいただきました。長年に亘たる先生のご支援及びご協力に対し、この場をお借りして、改めて感謝申し上げます。因みに、当時の顧問は先生のほか、河野洋平氏、江田五月氏、中坪禮治氏、林　武雄氏という錚々たる顔ぶれでした。

第３回日中愛鳥教育交流訪中団
（江蘇省蘇州にて、平成４年11月）

また、先生は河野洋平氏が会長を務める愛鳥百人委員会（※河野氏を応援するための会）のメンバーのお一

人で、探鳥会などの諸行事に進んで参加されていたようです。

次に、日鳥連における先生の功績は、何と言っても中国における愛鳥教育の普及啓発です。その一つが、先ほど申し上げました日中愛鳥教育交流事業の推進、そしてもう一つが、中国トキ保護観察団です。この二つについて少しお話しいたします。

一、日中愛鳥教育交流事業の推進について

昭和六十年十一月、日鳥連と中国江蘇省動物学会鳥類組との間で、鳥類に関する共同研究や愛鳥運動の推進のために小中高校との交流等の話し合いがされました。これを契機に中国江蘇省野生動物保護協会との交流が始まり、訪中団が四回、訪日団が四回、計八回の交流会を実施しています。この事業は、当初、中国だけでなく、イギリス、フランス、西ドイツ、アメリカ、韓国、ネパールなどの多く国々と実施し、運営にあたっては、日本万国博覧会記念協会の助成を受け行っていました。

先生は、昭和六十二年の第一回目から団長を務め、現役の教員、学生・生徒、愛鳥家を引率して、江蘇省内の小学校を訪問、中国における愛鳥教育の現況を視察し交流会を行っています。また、南京市の老山科研究所（オナガによる松毛虫の駆除を行う機関）や塩城市大豊県の人工飼育されている四不像、塩城自然保護区に生息するタンチョウやズグロカモメの繁殖地の視察等も毎回行い、帰国後は講演会等を通じて、日本と中国の間に愛鳥教育交流がいかに大切であるか、その必要性を説いていました。さらに、南京林業大学をはじめ江蘇省内の小学校、四不像保護区、塩城自然保護区に対して、フィールドスコープ、双眼鏡、カウンターな

江蘇省大豊県の四不像

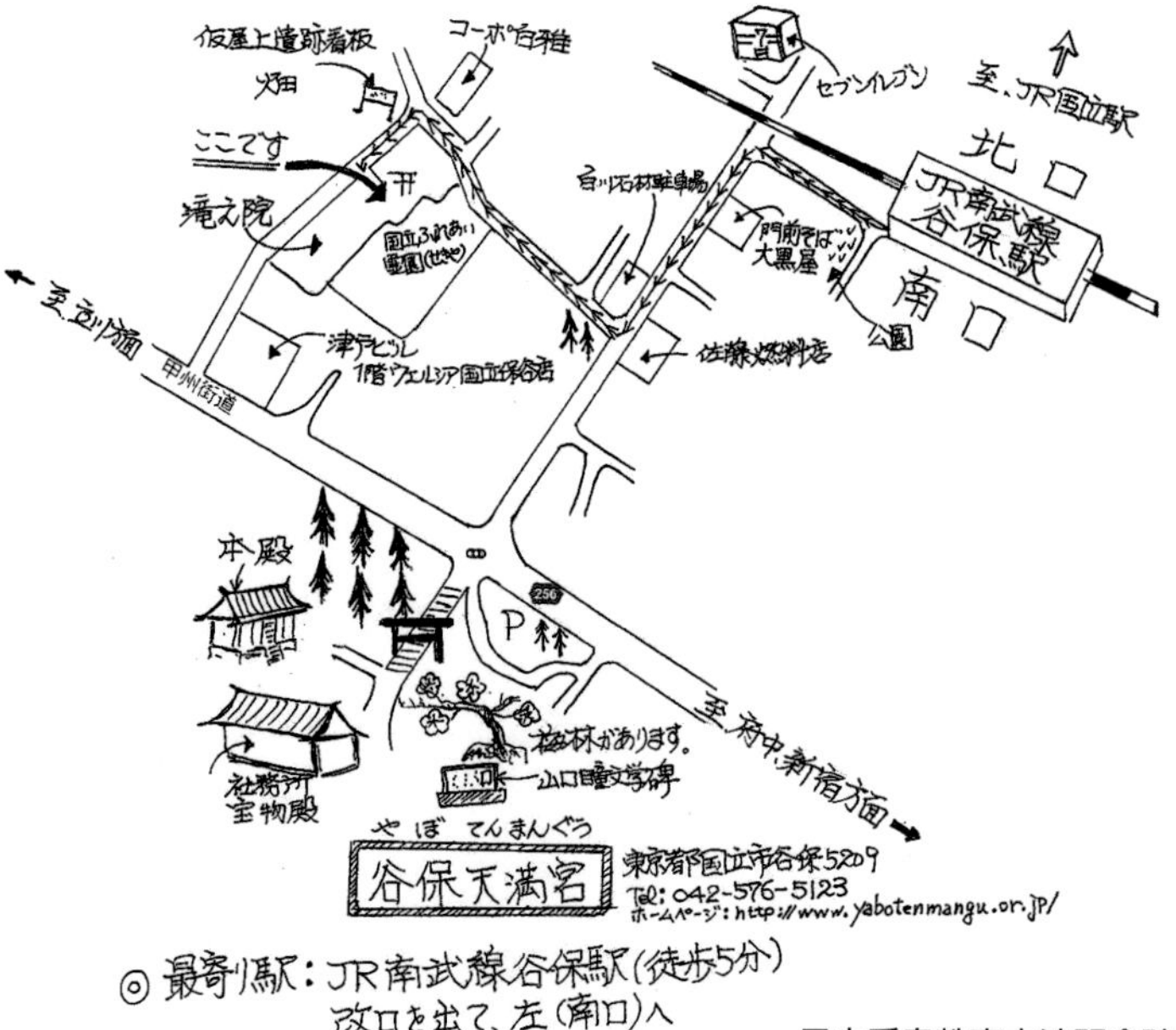

日中愛鳥教育交流記念碑の地図

どの機材や鳥類に関する文献などを数多く寄贈されています。先生のこうした活動は、著書『日中愛鳥教育交流５０００キロ』（けやき出版、平成四年五月刊行・自費出版）に克明にまとめられています。

また、平成七年十月、東京都国立市谷保滝之院（谷保天満宮僧坊）に、南京市小学生の劉明達君の「鳥類是人類最好的朋友」という書をもとに、立派な愛鳥教育交流記念碑を建立されています。こうしたことから、津戸先生がいかに、この活動に思い入れが深かったかが窺い知ることができます（日鳥連機関紙『私たちの自然』平成八年十二月号参照）。

二、中国トキ保護観察団について

平成七年春季、トキは、世界で日本と中国に、約五十羽が生存するだけで、特に、野生個体群は、中国陝西省洋県のみ生息する状況でした。日鳥連は、当時の環境庁から中国トキ保護増殖のための調査協力事業を委託され、それに伴い民間という立場から、中国トキ保護増殖の支援活動を行うこととなりました。それが、中国トキ保護観察団と中国トキ保護支援基金です。

中国トキ保護観察団は、エコツーリズムに基づき実施されましたが、基本的な考え方は津戸先生が、江蘇省で長年培われた愛鳥教育交流事業をベースに行われています。先生の考え方は野鳥観察だけを目的とするのではなく、地元の歴史、経済、文化、そして環境問題など幅広い分野に目を向けることが重要であるいうお考えでした。その意味では、トキという野鳥が里の鳥で、人と共存していたことから、地元住民の理解と愛鳥思想の普及啓発は必要不可欠なものでした。

平成八年八月、七泊八日の日程で第一回目の観察団が行われました。先生は第一回目から、計十五回に亘り参加されています。そして、平成十一年の第九回目からは団長を務められ、実に十一回に亘り団を率いて陝西省を訪中しています。先生には、参加者募集からお骨折りいただき、たくさんのお知り合いの方に声をかけていただきました。そして帰国後は、十数時間及ぶ膨大なビデオを編集し、思い出とともに次回の参加に繋がるよう細やかな心配りとフォローを心掛けてくださいました。参加者の中には、色々な方がいらっしゃいましたので、時には厳しく、また時には優しく冗談を言っては場を和ませ、団員一人一人の体調管理には特に神経を注いでくださいました。その卓越した統率力と気配りには、本当に頭が下がる思いがいたしました。

また、ホテルで豪華な食事をとるよりも、現地の農家を訪問し、そこで暮らす農民の生の声を聞きながら食事をしようという先生の考えは、多くの参加者から賛同を得、とても評判よいものでした。

さらに、先生は中国トキ保護支援基金の

中国トキ保護観察団での津戸先生による愛鳥交流会
（陝西省洋県貫渓小学校にて）

寄付をはじめ、洋県の救護飼養センターに対して、自費でフィールドスコープや双眼鏡などの機材の提供を行っています。また、江蘇省の愛鳥教育交流時の体験を踏まえ、洋県の小中学校において交流をおこない、次世代を担う子供に対して、トキ保護の重要性を強く訴えてこられました。

20回中国トキ保護観察団（平成23年9月）

こうした先生のご尽力の結果、中国トキ観察団は十五年間に亘って、二十回を実施することができました。その間の参加者は、延べ二百三十五名になります。それに伴い、第一回目訪中時には八十四羽であった中国のトキも、最終回の平成二十三年第二十回目には約千六百羽まで回復し、この観察団が果たした役割は概ね成功したものと思いました。

津戸先生の中国におけるこの二つ活動は、恩師であり、鳥類学者である山階芳麿先生が提唱した愛鳥教育の理念を、まさに国際的な見地から実践されたと言えるでしょう。

三、多摩川における野鳥観察について

先生は、学生時（当時の東京歯科医専門学校学生）から、年平均五十日以上、六十年以上に亘って多摩川の野鳥観察をおこなっています。戦前から戦後にかけて、特に高度経済成長期における野鳥を取り巻く環境と多摩川の変貌を記録されています。その記録を著書『多摩川の野鳥　津戸英守　写真集』（昭和五十四年八月八王子印刷刊行、自費出版）や『多摩川の野鳥』（昭和五十九年五月、講談社刊行　共著）にまとめています。中でも、昭和四十年代の多摩川の汚染に関する写真は、当時、自然保護関係者はもとより、マスコミから大きな反響があったと語っておられました。

私は、『多摩川の野鳥(写真集)』の野鳥の撮影を志す人のための記載をよく読み返します。「要は生命のあるものに対して、思いやりのある態度で接することが大切である。野鳥の生活を侵すことなく、時には草や石になったつもりで静かに動かず、がまんする。～中省略～たとえ不出来でも、時には一日中頑張って一枚も写せなくとも、すべてが楽しい思い出となる。春の一日、水面に浮かぶカモを見ながら食べるオニギリの味は最高である。日常の雑事を忘れ、自然の中で過ごす一日。何物にも替え難い喜びである。」自転車のカバーで作ったお手製のブラインドの中から、おにぎりをほおばって、撮影に没頭しているお姿が、目に浮かんでくるようです。先生は、当時アサヒペンタックスの社長さんとご懇意の間柄だったためか、カメラとレンズについては、ペンタックスの製品を、主に使われていたようです。一度ご自宅二階にある書斎に通されたとき、膨大な文献資料とともに、まるでバズーカ砲を思わせる、ペンタックス製の千ミリ望遠レンズが鎮座していたのがとても印象的でした。しかし晩年は、カメラよりもむしろビデオをよく利用され、中国トキ保護観察団や多摩川で撮影された野鳥や植物の数々を、ご自宅で何度か拝見させていただきました。

昭和四十九年の多摩川決壊の数週間後に、先生は日野橋から関戸橋までを、ボートで下った体験をされています。また、昭和二十年代にコアジサシの営巣を発見しています。こうした貴重なお話の数々をお聞きしたかったのに、本当に残念でなりません。なお、写真集巻末には、右手にタバコを持った若き日の精悍なお姿が載っています。まだご覧になっていない方は、是非ご一読ください。

こうした長年に亘る功績が認められ、平成十三年五月に、「みどりの日」自然環境功労者環境大臣賞を、また六年後の平成十九年五月には、愛知県瀬戸市でおこなわれた第六十一回愛鳥週間「全国野鳥保護のつどい」野生生物保護功労者表彰式で、常陸宮正仁親王より栄えある総裁賞を受賞されています。

四、おわりに

忘れられないエピソードをもう一つご紹介させてくださ い。先生はあらゆることに好奇心旺盛の方でした。中でも三国志をはじめとする中国古代史については、中国の方が舌を巻くほどの知識をお持ちでした。いつでしたか、諸葛孔明終焉の地・陝西省宝鶏五丈原で、日本人の津戸先生の話を地元の中国人達が頷いて熱心に聞いている光景を目にしたとき(※無論、通訳を介しています。)、思わず笑みが零れてしまったことを思い出します。また、先生は甘いものがとても好物のようでした。訪中時は必ず、常宿であった唐華賓館の喫茶室か、西安市内のマクドナルドにご一緒させていただき、その際先生はきまってアイスクリームか、コーラをご注文され美味しそうに召し上がっていらっしゃいました。そうした時、昔のお話などを伺うことができましたので、私にとっては大変楽しいひと時でした。その一つ一つの出来事が、今では懐かしい思い出です。

最後になりますが、生前、先生からたくさんのことをご教示いただきました。中でも野鳥に関する知識はさることながら、むしろ人としての在り方や考え方を、私は学んだように思います。私は今年還暦を迎えますが、先生からいただいた宝物の数々を糧として、残りの人生を過ごしてゆきたいと思っています。また、陰ながらいつもたくさんのお心遣いをいただきました、奥様の芳恵様に対しても、この場をかり、改めて感謝申し上げ、筆を擱きたいと思います。

津戸先生とワカケホンセイインコ

東京都羽村市玉川在住　鈴木　君子

本日の羽村玉川上水あたりは少し冷たい風がありますが晴れています。もう少しで桜も開花するでしょう。水路の緑地ベルト帯にワカケホンセイインコが10羽ぐらい鳴きながら飛びまわっています。私がワカケホンセイインコを見たのは福生の田村酒造敷地の大きなケヤキに止まっていたのが最初でした。津戸先生と中村さんとで中西先生の事跡を訪ねての件で市内を歩いた時です。あれから10年以上たち彼らも増えてきているのですね。

先生のお宅に伺ったとき「こっちに来てご覧」と誘われ座敷のほうへ行きましたら「ここからインコがきて果物を食べているのが見えるよ」といって案内されました。そこから庭に向けられてすぐカメラに三脚がつけられてセットされていました。

用事がすむと奥様が「何にもありませんが」と言ってお寿司をふるまってくださいました。先生は「少々は心臓にもいいんだよ」なんて言って小さめのコップでビールを飲んでいました。

ワカケホンセイインコを見つけると茶目っ気ありの優しい先生のことがセットされて思い出されます。

津戸会長の思い出

竹内　時男

津戸会長に初めてお会いしたのは、「中西悟堂生誕百十一年の集い」でした。前の席に座っていた会長とお話させて頂いたことを覚えています。研究会には初参加、初対面の私でしたが、厚かましく、第一回須走探鳥会について質問させていただきました。丁寧にお答えくださり、優しい方だなと思いました。お忙しい中、すぐに資料をお送りいただきました。

そして、２０１０年６月の中西悟堂事跡の旅「悟堂山荘を訪ねて」では、私のペンション八ヶ岳自然ヒュッテをご利用いただきました。この時は、ジョウビタキとの出会いで盛り上がりました。悟堂さんが、そして研究会の事跡の旅が新発見に結びつけてくれたのでしょう。山荘では悟堂さんの思い出をお話いただきました。翌日は須走まで、愚妻の車でお送りさせていただきました。怖い運転で、さぞかし肝を冷やされたことでしょう。

２年後、事跡の旅で、再びペンションをご利用いただきました。「ゴドウビタキ」の探索、薮内正幸美術館、悟堂山荘の見学と精力的に回られました。お歳をお伺いすると、90歳とのこと、驚きました。ペンションのお客様の最高齢ですと、お話させていただいた記憶があります。この夜も元気にお話をされていました。ご冥福をお祈りいたします。

中西悟堂研究会の活動を継続することが津戸会長への一番の手向けだと思っています。

ペンションで語る会長

追悼（1）

中村　滝男

津戸英守会長がご逝去されたことは、わたしにとって天の一角が崩れたようなもので、それからしばらくは思考停止の状態になってしまいました。当初は混乱して津戸英守会長の没年を93歳と報告しましたが、ご遺族より95歳という訂正があり、はじめて気が付くという有様でした。また、葬儀の様子だけでも記録して中西悟堂協会の関係者にお伝えしなくてはという、ある種の脅迫感から葬祭場までカメラを持ち込み、ご遺族の皆様にはご不快の念を抱かせてしまったかと存じます。この場をお借りして心よりお詫び申し上げます。

わたしと津戸英守氏を引き合わせてくださったのは、八重子夫人であったことが、中西悟堂氏長女の小谷ハルノさんが本追悼文でご紹介されています。今では、そうした経過も記憶の断片になろうとしていますが、私の記憶では、それより少し前、２００３年の頃、わたしが企画していた『日本野鳥の会70周年記念探鳥会&記念碑建立』計画について、誰に相談したら良いか八重子夫人に尋ねたところ、「ぜひ相談すべき人」として津戸英守氏をご紹介いただいたのです。それ以降、わたしは常に津戸英守氏と相談しながら日本野鳥の会の改革を進めました。そのシンボルが、津戸英守氏を実行委員長として開催された『70周年記念探鳥会&記念碑建立』事業でした。

津戸英守氏が同実行委員長に就任された経緯は一口には言えない日本野鳥の会の複雑な歴史的背景がありました。

結果として、小杉隆氏が日本野鳥の会会長に就任されていた当時、わたしが小杉隆会長に同事業を提案して承認されたことから、津戸英守氏を実行委員長に委嘱して開催することができたのです。

実行委員長としての津戸英守氏の最大のご功績は、建立した中西悟堂歌碑に『雨後』の歌詞を選んでいただいたこともありますが、それにも増して、「中西悟堂思想を身につけた存在感のある重鎮」となっていただいたことではないかと思います。

70周年事業終了後の2005年4月以降の津戸英守氏の活躍については、『野鳥居』1～8号に記載した通りです。わたしは、中西悟堂協会が継続する限り、『野鳥居』編集委員会メンバーと一緒に、津戸英守会長のご遺志の実現をはかっていきたいと考えています。

とても一度の紙面で津戸英守会長と闘った歴史は書き終わらないとの思いから、「追悼文」表題を「追悼(1)」とさせていただきました。

故津戸英守会長からの手紙

西村　眞一

故津戸英守会長(以下津戸会長)に最後にお会いしたのは、2015年5月10日の福生市加美上水公園での『中西悟堂「野鳥村」構想の地』記念プレート式典でした。津戸会長は高齢にもかかわらず、お元気なお姿をお見かけしました。

以前、津戸会長に私が長年に亘って蒐集している、中西悟堂氏に関する資料等をお送りしたところ、津戸会長からお礼の手紙がありました。その手紙には、最近の野鳥観察者は、「珍鳥を追いかけたり、また撮影に夢中になったりと、野鳥の会の原点を余り理解せず、また知ろうとしない人が多い。」とありました。もちろん、私も珍鳥を見たり野鳥撮影をしていますが、ここはやはり日本野鳥の会の原点を顧みて、今後の活動の規範にしたいと思っております。また手紙には「中

2015年5月10日　福生市加美上水公園

西悟堂協会は、中西悟堂氏の偉業（科学と文芸）を後世に伝える。」とありましたが、私も中西悟堂氏の偉業を伝えるべく、今後も発表していきます。

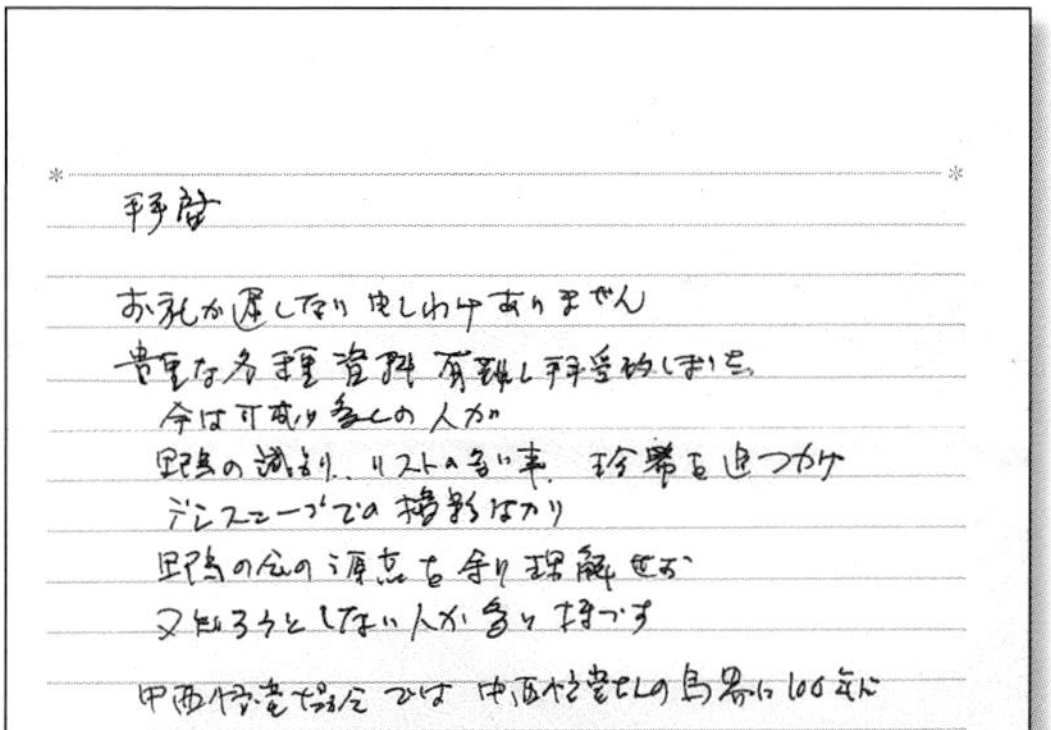

拝啓

お礼が遅くなり申しわけありません
貴重な各種資料有難く拝受致しました
今は可成り多くの人が
野鳥の識別、リストの多い事、珍鳥を追っかけ
デジスコープでの撮影ばかり
野鳥の会の源点を余り理解せず
又知ろうとしない人が多い様です
中西悟堂協会では中西悟堂氏の鳥界に100年に
一人出るかもわからない
極めて優れた先人の偉業（科学と文芸）を
後世に伝えるべく行動して居ります
御協力を切にお願い致します

2009.1.15.

津戸英守

トキの羽を見て先生を想う

林　正敏

自室の壁に美しいトキの羽が入った額があります。長さ23㎝、最大幅6.2㎝、左の風切り羽です。この羽は津戸先生が中国のトキ研究者から贈られた何本かの中から「一本あげるよ」と言って郵送してくださったもので、私の宝物となっています。思えば１９９７年、先生と中国陝西省洋県へトキ視察の旅をしてから21年が過ぎました。日本鳥類保護連盟主催のトキ保護観察団に加えて頂き訪れた現地では、トキ救護飼養センターはじめ湿地帯での採餌風景、ねぐら、営巣あとなど総合的に見学。周囲の田園風景は私が昭和初期に見たような茶色い使役牛があちこちに動き、田んぼでは男の子二人が拾い集めたトキの羽をいっぱい握りしめ遊びまわっていました。

トキ観察の旅は初参加でしたが、津戸先生は既に何回も現地を訪問しトキの現状を熟知され、あちこちで説明してくださいました。実は私は８日間の旅の途中、漢中で先生に大変お世話をかけてしまう羽目に。連日の揚げ物、炒め物など食事が合わなかったせいで激しい嘔吐と腹痛に見舞われたのです。知らせを聞いて部屋に入ってきた先生は、私の灰色の顔を見ながら症状をつぶさに聞いてくれ持参の薬と適切な助言をしてくださいました。現地では適当な病院もなく途方にくれましたが翌日には何とか回復、予定した日程のほとんどを見学することができました。私がこの旅で大いなる刺激を受け無事帰ることができたのは先生のお陰だと心から感謝しています。

帰郷後に先生からお手紙と一緒にご自身が撮影、編集した旅の記録テープが送られてきました。添えられた文面には「中国ではトキの増殖に成功し、日本ではなぜ失敗したのか考えさせられます。今後ともトキを始め野生生物の保護、保全につくしたいと思います」と記され、先生がトキの保護に並々ならぬ情熱を抱かれていたことを思い知りました。

一方、自然科学と文化の融合に不朽の功績を遺された中西悟堂先生を古くから慕い支えられた津戸先生でした。その信念は固く、のちに中西悟堂協会の会長として各地の催しで語られた中西先生への思いは常に一貫し、偉人への単なる敬愛にとどまらず、その思想をどう次代に引き継ぐことができるか危機感さえ感じとることができました。

津戸先生と同時代、中西先生を地方から支えた一人に岡谷市に住む小平萬榮《まんえい》先生がいます。小平先生は１９８７年に東京調布市の深大寺境内に中西先生の胸像を建てる際は先頭にたって働かれました。その小平先生が他界して間もなくのこと、津戸先生からお電話があり「小平先生のお墓参りに行きたいのだが…」と伝えられ、続けて「小平さんは中西先生をいつも信頼し、一生懸命に尽くしてくれた恩人だから、ぜひ諏訪にいってお線香を手向けたい」とおっしゃった。志をひとつにして働いた仲間に対する温かなお気持ちに触れ頭が下がる思いでした。

私は何回か津戸先生にお会いし最晩年まで気安くお付き合いをいただきましたが、気が合った多くの鳥仲間にも同様であったことでしょう。強力な接着剤のようなお立場をずっと続けてこられたのは、一重に先生の人情味あふれるお人柄にあったのではないか。戴いたトキの羽を見つめ、在りし日の先生を偲ぶこのごろです。

陝西省洋県野生トキ　（撮影：杉本吉充）

津戸英守先生を偲んで

高知市在住　柳林　三美

津戸先生といえば、中西悟堂協会企画の「中西悟堂事跡の旅」で岡山県笠岡市にある真鍋島までご一緒したことが、まずは思い出されます。とても紳士的でお優しい方で、ご高齢ではありましたがカクシャクとして歩くスピードも速く旅中でとても頼もしく思った記憶があります。２００８年4月のことです。

同年、私は大学4年生でありました。卒業論文のテーマに「愛鳥教育」を選び、夏頃に東京のほうへ調査に出かけたことがあり、そのときに津戸先生にもご協力をお願いして、ご自宅までお邪魔して直接お話を伺うとともに貴重な資料もいくつかいただきました。

そのときに見せていただいた写真の中に、愛鳥教育の交流として中国へ赴かれたときのものがあり、子供たちが「愛鳥」と習字を書いたりしている写真に混ざって、先生が楽しそうに学校の関係者とお話しされている写真もありました。

先生は鳥を愛すること、そして小さなそれらの命を守ろうという意思は国境を軽々と超えていくことを語ってくださいました。ときに政治的な対立が存在したとしても、生き物には国境はなくそれを守る人たちにも同じく国境がないのです。

また、ごく素朴な野鳥を愛する気持ちを市民運動にまで発展させた中西悟堂先生のことをとても尊敬していることもおっしゃっておりました。

本来は、卒業年度末に完成した論文を送る手筈であるところが、少し調子を悪くして２０１６年の夏にまで遅れました。とても遅くなったにも関わらず先生からはすぐに親切なお返事をいただきました。その中に、「悟堂さんの活動も奥様八重子さん、又ハルノさんの協力や熱心な人々によって捧（ささ）えられて参りました」（原文ママ）とあり、最後の末尾の文が「私供夫婦は円満です」と締めくくられていました。こんなことを書いてはお叱りにあうかもしれませんが、家族の大切さを説きながら最後にちょっとだけ自慢げに夫婦円満を一言添えるのは、なんというか……とてもお茶目ですよね？

全体、津戸先生という人は実にチャーミングであり、またとても深い愛情をたたえた「愛の人」であると私は感じました。

自然保護とは崇高な精神であり、また現実的に求められている公益性の高い事業ではありますけれども、ときにそうした使命に熱中して身近な人との関係の在り方を見誤る人がいることが気がかりです。

もちろん自然や鳥のことも大事ですが、身近で陰に日向に支えてくれる人をよく観察して愛情を向けることも、また非常に重要だったのではないかと思います。

津戸先生の鳥を愛し、各種の自然保護と啓発の活動の中にあっても、人を見て人を愛することも忘れずにきちんとしていることが、私にとっては大きな学びであり、また非常に見習うべきことだと思いました。

先生が亡くなられてとても悲しく思いますけれども、先生から教わったことを胸に自らの人生をきちんと生きていこうと思いますし、今は協会事務局を離れておりますけれども、生態系トラスト協会の一会員として会の活動を応援し見守っていこうと思います。

なお、津戸先生にお送りした卒業論文については大学に提出した要旨をこの後につけましたので、もしよかったらお読みください。氏名は旧姓となっています。

卒業論文　『愛鳥教育の成立過程』要旨

高知大学教育学部教育科学コース教育学研究室
中村　三美

愛鳥教育という言葉を聞いたことがある人は少ないだろう。しかし、多くの都道府県では「鳥獣保護及狩猟の適正化に関する法律」に従って作成される「鳥獣保護事業計画」にそって、「愛鳥モデル校」が指定され、愛鳥活動の実践または愛鳥教育が行われている。数から言えばごく一部でしか行われていない教育活動であるが、愛鳥モデル校の設置が始まったのは１９６０年代の後半であり、初期に指定された学校が現在まで取り組みを続けていれば40年を超える実践になっている。

このように、決して広くはないが時代を超えて継続的な取り組みが今日まで行われてきている愛鳥教育は、教育学上研究される価値のある教育活動であると考えられるが、ほとんどその存在が知られていない。そこで、愛鳥教育がどのような教育であるのかを考察するにあたって、本研究では愛鳥教育の成立について明らかにしたい。

愛鳥教育は戦後、連合国占領下における政策によって愛鳥週間ができ、そこから始まったといわれている。そこで鳥獣保護に関する本や雑誌資料に当たることによって、愛鳥教育の成立がＧＨＱ及び戦後設立した日本鳥類保護連盟の取り組みによって成立したという仮説を検証する。

以下、研究の結果を簡略に記す。

愛鳥教育の歴史的・社会的背景として野生鳥類の減少があげられるが、明治時代に鳥類が著しく減少した時期があり、その理由は明治政府の鳥獣保護政策の不在（不備）と廃仏毀釈運動による宗教的道徳心の荒廃があったことがわかった。すなわち、乱獲によって野生鳥類は激減したのである。

一方で鳥に関する学会や民間団体ができ、鳥類が害虫防除の効果を持つといった観点から、あるいは精神的・文化的な人間とのかかわりにおいて保護されるべきということが主張され始めた。しかし、鳥類保護の政策は巣箱架けの実施などごくわずかしかなされず、状況は改善しなかった。

こうした状況は、戦後米国の鳥学者であったオリバー・Ｌ・オースチンがＧＨＱの天然資源局野外生物科長として来日し、その助言によって鳥類愛護思想の普及のためにバード・デー（愛鳥日）及び日本鳥類保護連盟が設置されて変わった。鳥類愛護思想の普及が社会教育・学校教育の中に取り入れられ始めたのである。当時は日本鳥類保護連盟の事務局は文部省科学教育局に置かれていた。

オースチンの帰国後、事務局は山階鳥類研究所に移され、民間団体となった日本鳥類保護連盟は子ども向けの雑誌『私たちの自然』の発行を始めた。創刊号は

1960年11月号である。それと同時に指導者向けに『Conservation教育』という冊子を配布して、具体的な教育を推進した。Conservation教育は科学的思考を重視する教育であるが、『私たちの自然』の中で人間性の涵養や生命教育の重要性を強調したことと合せて考えると、鳥類保護連盟の進めた教育はまさに野生鳥類愛護思想の普及教育、すなわち愛鳥教育であった。1960年代の後半になると鳥類保護連盟内でConservation教育にかわって「愛鳥教育」の語が用いられるようになった。「愛鳥教育」の語は1969年に助成を受けて『私たちの自然』が愛鳥モデル校に配布されるようになって広く定着したと考えられる。

このような過程を経て愛鳥教育は成立したが、本研究の結果として、オースチンが米国から持ち込んだバード・デーと鳥類保護連盟の機関誌発行は、愛鳥思想が教育に取り入れられる大きな契機となっていたことが確かめられたのである。

今回明らかにできなかった愛鳥教育の実質的な成立については新たに検証されるべき課題となった。また、本研究が今後、愛鳥教育がどのような教育であるかについて考察をする際に役立つことを期待する。

（2009年2月）

ご夫婦で高知県立牧野植物園にいらっしゃった津戸先生
（2014年7月）

報告
1

日本野鳥の会70周年記念碑英語解説版設置について報告

日本野鳥の会　東富士代表　菅　常雄

《はじめに》

1934年(昭和9年)、中西悟堂先生が日本野鳥の会を創設、現在まで85年。2004年6月2日・3日、日本野鳥の会創設以来70周年を記念して、小山町須走の冨士浅間神社にて日本野鳥の会、小山町、須走彰徳山林会、そして著名な方々や地元の多くの人たちのご協力を頂きまして、日本野鳥の会70周年の記念碑を建設することができました。記念碑建設の呼びかけ人の故津戸英守先生はその後中西悟堂協会を設立、大変お世話になりました。おかげさまで70周年記念碑建立の除幕式、記念探鳥会も無事終了しました。

その後、2013年6月22日、須走冨士浅間神社は世界文化遺産に登録され、2016年頃から海外からの神社参拝者が急増。神社は駐車場を広げて、現在では観光バスが毎日入ってきます。

そんな時に中西悟堂協会の中村滝男さんにお会いする機会があり、世界文化遺産登録後の現状を話したところ、神社に設置してある記念碑の日本野鳥の会しおりの英語版があってもよいのではとの話になりました。

これを受けて2017年、冨士浅間神社に70周年記念碑英語解説版設置計画の話をしました。6か月後に神社からは英語解説版設置の許可を口頭で致しますとの連絡を頂き、本格的に日本野鳥の会70周年記念碑英語解説版設置計画が進むことになりました。

《神社の建設許可（口頭）から建設までの経過》

2013年6月22日　須走冨士浅間神社世界文化遺産登録

2016年12月　海外から冨士浅間神社参拝者急増。駐車場増設

2017年4月　海外からの参拝者急増で、日本野鳥の会70周年記念碑の英語解説版を計画

2017年5月　英語版のしおりの計画から記念碑前に英語解説版設置計画に変更で、富士浅間神社に伝える。

2017年10月　英語解説版設置で冨士浅間神社から口頭で許可

2018年6月　冨士浅間神社宮司から文書で解説版設置許可

2018年7月　解説版設置工事許可を静岡県世界文化遺産担当課に申請書類提出

2018年8月　許可まで1か月の予定がまだ許可が出ない（小山町担当課）

2018年9月　式典当日までに許可が出ないので、神社式典（神事）は断り、「日本野鳥の会70周年記念碑英語解説版披露の会」で開催

2018年9月　静岡県の世界文化遺産担当課から「建設不許可」の連絡

2018年10月　静岡県の世界文化遺産担当課と今後について話し合い

2018年11月　小山町の担当課長の話では世界文化遺産なので規制が厳しく、設置工事で土を移動することはできないが、英語解説版の脚を曲げて「置く」ならば小山町で許可する

2018年12月　英語解説版の改良により、小山町の許可が下り、日本野鳥

の会70周年記念碑の左側に「置く」形で設置

2019年4月　英語解説版工事費、日本野鳥の会東富士の負担金2019年総会で承認

《日本野鳥の会70周年記念碑英語解説版設置費会計》

制作・工事・設置費合計	374,960円
日本野鳥の会東富士	174,960円
公益財団法人日本野鳥の会	100,000円
中西悟堂協会	100,000円

《日本野鳥の会70周年記念碑英語解説版披露の会》

開催日　2018年9月16日

参加者　34名

参加者氏名（敬称略・順不同）

小谷ハルノ　田中公夫　白川郁栄　山口恒子
齋藤節子　川崎徹郎　吉田章子　安西英明
瀬戸三枝子　佐藤忠史　川﨑晶子　島田利子
中村滝男　瀬戸洋平　菅譲治　布留川毅
井上美佐子　菅常雄　井上美佐江　小沼恵美子
飛岡文人　手島英次郎　勝又立雄　村上慶成
松永尚子　鈴木茂也　波多野杜邦　山田靖子
浅谷恭成　水間由美子　竹内時男
杉浦のぶ子　井上明　井上道子

報告
2

須走記念碑英訳顛末

川﨑　晶子

津戸先生の訃報をアメリカで知った。ちょうどコーネル大学鳥類学研究所で聞きなしや鳴き声の記録方法などについて調べているときで、昼食をよく一緒にしていたアメリカの鳥声録音のエキスパート、グレッグ・バドニー（Greg Budney）さんに、津戸先生が亡くなったこと、中西悟堂思想の継承、等を話して、少しは悲しみを紛らすことができた。グレッグは少し若いが同世代、津戸先生の様な尊敬するリーダーの存在の大切さや、いかに我々はそういう人達からいろいろなことを学んできたかをとてもよく理解している人だった。彼とそんな話をしたのは、彼の尊敬する老教授の家に行ったことがあったからかもしれない。グレッグは研究所では世界的に有名なサウンド・アーカイブ（Sound Archive、世界中の鳥声や自然の音の記録の保管している）の担当で、且つ、さまざまな仕事をこなして忙しい。私は彼が車に乗ると助手席に乗せてもらいついてまわって鳥を教えてもらっていた。あるときちょっと寄るから、と車を片田舎の家の前に止めた。フレッド・シブリー（Fred Sibley）先生、アメリカでベストセラーのフィールドガイドの絵と解説を書いているデイビッド・シブリー（David Sibley）さんのお父さんの家だった。奥さんを亡くされ一人暮らしの先生の日常の話、鳥情報の交換、等々、ふらっと立ち寄っての何気ない会話だが先生はとてもうれしそうだった。私は日本で自分の忙しさにかまけ、会いたいと思っていた大切な方々に会わないままお別れしてしまうということが頻繁に起こっていた。津戸先生もそのお一人だった。これからはグレッグの様にしたい、と心から思った。

訃報から2週間ぐらいたった頃、中村滝男さんから津戸先生のお通夜の写真が送られてきた。そのメールに、津戸先生が亡くなられたショックで多くの事をキャンセルしたが、菅常雄さん(日本野鳥の会東富士代表)と野鳥居8号の出版前から計画していた、「来年の6月に、須走の浅間神社の境内にある日本初の探鳥会70周年記念歌碑に英語版を含めた解説板を設置する事業だけはこのまま進め、その場で津戸先生を偲ぶ集いを行うことを話し合った」とあった。須走記念碑英訳作業のスタートのホイッスルが鳴った。

実際は仕事が忙しく、英訳作業は2018年3月におこなった。1月頃から、中村さんと内容の検討、解説部分の文言は中村さんが書いてくださり、それを英訳し、日本語と英語の対訳看板にすることにした。しかし、実際の看板の大きさに落とし込むと屋外の看板にしては文字が小さく読みづらい。最終的には英語だけの看板となった。

最終的な英語解説を再度日本語に要約したものが、左記のものである。

1934年3月　野鳥を食べたり、捕まえて愛玩飼育することが当たり前だった当時、文学者で僧侶の中西悟堂(1895~1984)は「野の鳥は野に」という理念を掲げ、日本野鳥の会を設立した。野の鳥という概念の「野鳥」という言葉は中西悟堂により広められていった。

1934年6月2日・3日　中西悟堂は須走の地の富士浅間神社に文化人を集め「富士山麓鳥巣見学会」という催しを開催した。これは後に、日本最初の「探鳥会」と呼ばれるようになった。「探鳥会」ということばは中西悟堂が作り出した言葉である。二日間の参加者は約40人。キセキレイ、オオルリなどさまざまな鳥の31個の巣が観察された。
２００４年６月　全国から集まった寄付金により、「探鳥会発祥の地」となった富士須走で、同じ行程で70周年記念探鳥会をおこない、記念碑除幕式をおこなった。記念碑に掘られた『雨後』の詩は、中西悟堂が富士山の鳥を詠んだ詩の中から、中西悟堂の古くからの弟子であり、中西悟堂協会を設立した津戸英守（１９２３〜２０１７）が選んだ。

雨後《うご》
叢林《そうりん》にそそぐ雨の竪琴《たてごと》、
たとへやうもない音とこだまの鬩《せめ》ぎ合《あ》ひ。
とつぜん青白の世界に日が射すと
小瑠璃《こるり》の聲《こえ》が
寶石《ほうせき》のやうに光の中にころがり出た。

悟堂

２０１８年９月　２０１３年６月に富士山が世界遺産に指定され、富士浅間神社を訪れる外国人観光客が増加したことから、関係者の寄附金により新たに英語の解説板を設置。

協力団体：日本野鳥の会、日本野鳥の会東富士、
中西悟堂協会

解説部分の英訳では固有名詞でさまざまな確認が必要だった。富士浅間神社はいくつもあり、その中でも有名なものとして、山梨県富士吉田市に北口本宮、静岡県小山町に東口本宮があり、須走は後者である。北口では英語ウェブサイトもあり、Kitaguchihongu Fuji Sengenjinjaと名乗っていた。神社の英訳の一般ルールはどうなのか、世界遺産の正式名称はFujisan, sacred place and source of artistic inspirationと長すぎる、いろいろ調べていくうちに世界文化遺産「富士山」の説明は山梨県と静岡県で分かれて書かれており、縦割り行政の弊害を感じた。浅間神社に建てる看板なので、Fuji Sengen Shrineとし、地名の富士山は

Mt.Fuji、世界遺産はFujisanとした。

「雨後」の訳は難しかった。まず私が詩からしっかりイメージを受け取る事が大事だった。鳥仲間にコルリを見たときの経験を踏まえて悟堂先生の詩をどう解釈するか聞いて回った。そして英訳。まず私が訳してみたが「英詩」にならない。そもそも私は翻訳をやらず、詩は翻訳できるのかと疑問に思っている。今回は、読んで思い浮かべる情景が日本語からでも英語からでもなるべく同じようになることを目標にした。そのためには英語母語話者の協力が必要で、3月に来日していた35年以上の付き合いがある親友リズ・ヘンジベルド(Liz Hengeveld)さんとパット・ウェッツェル(Pat Wetzel)さんに協力を求めた。リズもパットも私と同世代だが、コーネル大学でアメリカの日本語教育の第一人者だったエレノア・ジョーデン(Eleanor Jorden)先生の元で日本語を学び、読む・書く・聴く・話すの4技能に加えて、文化的背景の理解と好奇心をたくさん持っている人達である。パットは日本語教育を受け継ぎ、自宅のオレゴン州ポートランドで庭に沢山の野鳥を呼んでいるバードウォッチャー、リズは銀行員だったがその傍ら日本の昔の暦の研究をするなど古い文章にも慣れていた。

リズも英訳を試みる。最初は辞書の語義の一つがでてきて、想像もつかない意味が加わることなどもあったが、情景を説明、コルリの生態も説明、次第に叢林はIn the woodsでいいだろう、など語が固まっていった。リズとは滞在中は何回も会い、帰国後もメールでやりとりし、竪琴の比喩はどういう雨か、音がせめぎあうとはどういうニュアンスか、青白の世界に突然日が射すの見たことがあるか、など、話し合いを続け、悟堂先生の詩の情景を共有していった。最後にどうしようもなかったのは、コルリの英名がSiberian blue robinであること。ロビン(robin)は英米で異なる鳥だがどちらも胸が赤い。ブルー・ロビンでは胸が青い鳥を想像するだろう。詩のリズムは壊れるかもしれないが、科学的な正しさを求める悟堂先生でもあるので、あえて鳥名の訳をそのまま入れた。

解説板には、「雨後」の部分だけは日本語も入れた。

碑に刻まれた「雨後」は達筆で旧仮名遣い。それを読めない日本人も多いことを考え、現代語にし、一部ルビも入れた。

英語は英語で、日本語は日本語で詩を読んでいただきたい。それぞれ情景が浮かび、それはかなり近いものだと思う。もし、解釈や訳に不備な点があったら、それは私の責任である。是非、お知らせいただきたい。

最後は、御殿場の看板屋さん、あど・あーとに内容を送りレイアウトと実際の解説板作成を依頼した。あど・あーとの菅沼さんは親子で菅常雄さんのやってこられたキッズの活動に参加していらしたとのことで、最大の協力をしてくださった。実際に細かい作業をしてくださった森さんも、メールと電話だけのやりとりだったが、こちらの何度にもわたる小さな修正や後からの「間違い発見」というメールにもすべて対応し、かつ、素敵なレイアウトを考えてくださった。最後には、菅さんのご協力で高橋さんの写真も加わり、下の様な英語解説板が完成した。

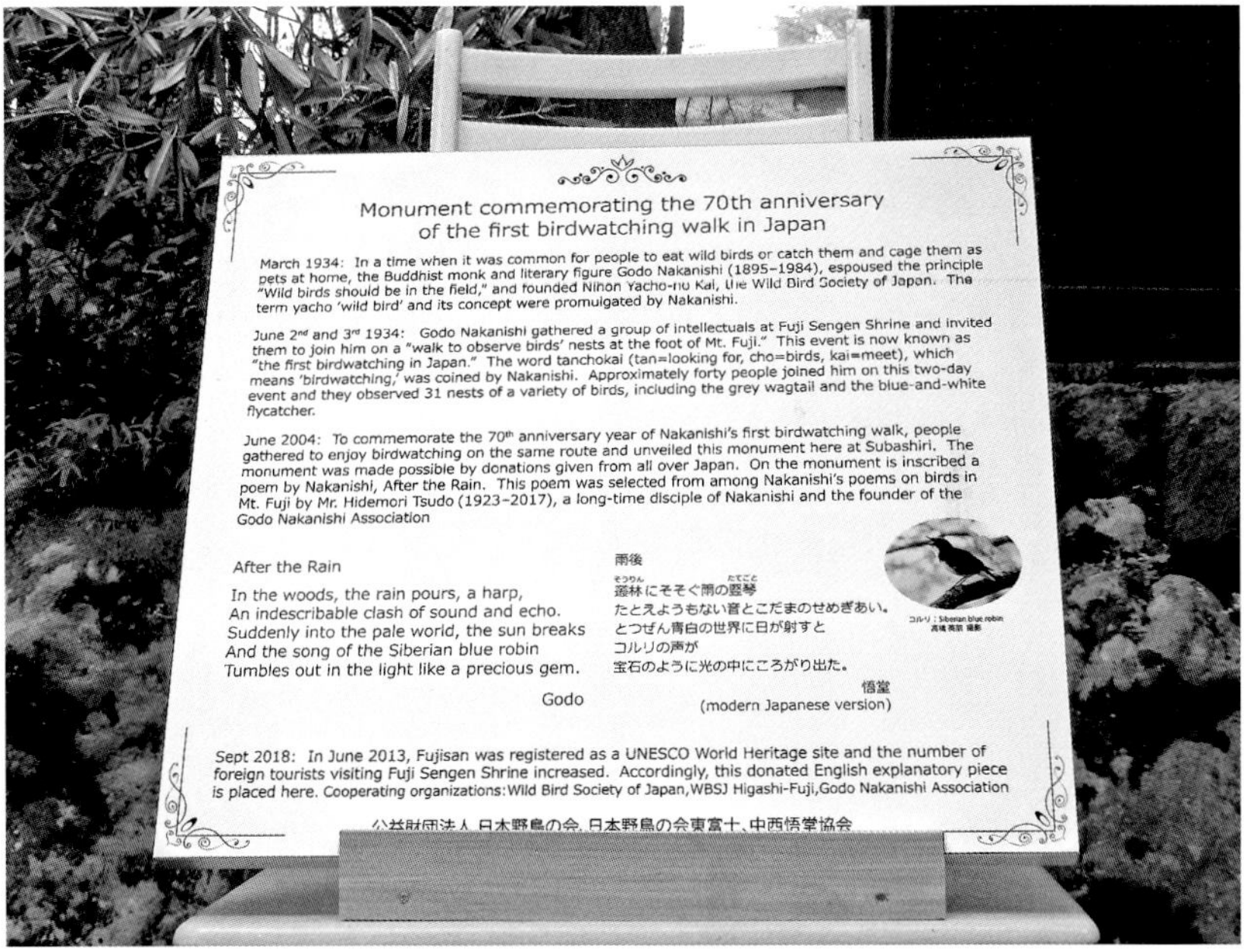

9月16日、津戸先生のご命日に最も近い日曜日、日本野鳥の会東富士が準備してくださり須走の冨士浅間神社の日本野鳥の会記念碑の前で「英文解説看板披露の会」がおこなわれた。設置許可がおりておらず、机や椅子の様なものを台にして、できあがった解説板部分を上手に立てかけ、手作りの立派な除幕式がおこなわれた。篠笛とオカリナのミニコンサートもあり、素敵なお披露目会だった。

最後に解説板の裏に名前を書くという、ちょっと珍しい企画もあった。実際に看板として立てられるときには隠れてしまう部分だが、将来だれかが開けるかもしれない。小谷ハルノさんと一緒に、私はリズの名前も加えて書かせていただいた。

記念碑は一段高いところにあり、非常にきれいに保たれていた。菅さんにお聞きしたら、頻繁に碑の回りを点検・掃除してくださっているとのこと。記念碑が現地で大事にされていること、巣の観察などを続けてきた子ども達が大きくなってイベントに参加していることなど、悟堂思想の継承を目の前にし、津戸先生が設立の音頭をとって実現した記念碑の存在意義を実感した。

お披露目会のあとは、道の駅のミーティングルームでお昼、お弁当をいただきながら自己紹介などをした。小谷さんが、悟堂先生ゆかりの物をたくさん持って来てくださっていた。本や写真など貴重なものを40人分だったか、一つ一つに番号がついていて、参加者はあみだくじを引いて行き着いた先に書いてある番号のものをいただいた。番号つけも、あみだくじも小谷さんのお手製で、その日の参加者にとっては素敵なサプライズプレゼントだった。

午後は、道の駅からすぐ歩いていけるところでの探鳥会。安西英明さんの小道具付きの楽しいお話しで、知識を倍加させながらの探鳥だった。富士山麓は日本の野鳥の三大繁殖地の一つだったそうで、昭和初期の須走のあたりはきっと今の我々では想像できない様なあふれるような鳥の声に包まれていたのではないかと思う。そんなことを思いながら、鳥好きの人達の楽しく賑やかな探鳥会に加わった。

記念碑は世界遺産の敷地内に建っている。世界遺産の地面を掘り柱を立て解説板を設置するという計画は、許可を得るのが大変むずかしいと聞いた。しかし、12月には記念碑の左側に解説板が設置されたとのこと。写真を拝見した。解説板といっても英語だけのもので心配だったが、茶色の和風の枠組み、コルリの写真がカラーで目立ち、詩の部分の日本語と、一番下の日本野鳥の会、日本野鳥の会東富士、中西悟堂協会などの部分の日本語はすぐ目に入る。英語を読む人は「へえ、そうなんだ」と内容に感心し、英語を読まない人も、これは何だろうと碑に興味を持ってくれそうである。中西悟堂、日本野鳥の会、日本で最初の探鳥会のことなど、一人でも多くの人が知る機会の一助になれば嬉しい。

私が次にやりたいのは、富士山麓でコルリの声を聞くことである。それも、はじめは雨がいい。

報告
3

故津戸英守会長を偲ぶ会

鈴木　君子

日　時：2018年11月5日(月)　10時～13時
場　所：東京都福生市加美上水公園↓
　　自然塾室内(旧東海居)
参加者：鈴木孝夫、安西英明、川﨑徹郎、川﨑晶子、
　　手島英次郎、飛岡文人、伊東静一、
　　鈴木和善、関根常貴、荒井悦子、野口逸子、
　　北郷うた子、福島福生副市長、中村滝男、
　　鈴木君子（15名）

中西悟堂先生は、昭和19年に善福寺にあった自宅から西多摩の福生町(現、福生市)に移住して『野鳥村』を作ろうとされましたが、戦時色が濃くなったことや、建築費の持ち逃げ事件などもあって実現しませんでした。しかし、現在は福生市にある市立公園になっています。

多摩川と玉川上水に挟まれた現在の場所は、『野鳥村』にはなりませんでしたが、野鳥たちにとって少しの憩いの場所になっています。この場所を、2005年4月、津戸先生と中村さん、高萩さん、鈴木と4名で訪れ、『第一回中西悟堂事跡の旅』と称しました。悟堂協会の始まりです(当時は中西悟堂研究会と称しました)。津戸先生は、ここに鉄道が通っていたことや、大きな樅の木があったことなど話してくださいました。2015年5月、『夢の野鳥村構想跡地』の記念プレートを建立した際にも中西悟堂協会会長として常に先頭に立っていただきました。こんなことを話しながら往時の面影の残る公園を散策し、後半は室内でお弁当をいただきながら、今後の中西悟堂協会の姿をどうしたらいいかを考えるために話し合いました。

今の大学生に「野鳥」ことばで文章書かせてみるとなかなか書けない。「探鳥」ということばを知っているかという質問すると100パーセントの学生は判らず…バードウオッチングとすると理解するといった風に日本語力の低下も見られる。それらのことを受けて鈴木孝夫先生は「タタミ・ゼ効果」を広げようとのお話をして下さいました。タタミは畳です。ゼはフランス語だそうで…あるフランス人の方が日本は素晴らしい、自然とかかわって暮らす日本文化をもっと広めようといったことです。…さらに正しい日本語を広め素晴らしい風土のことを全世界へ広める、一人でも運動を始めれば広がってくるといったことでした。他の参加者からは静かな流れではあるが小学生に野鳥教室的なことを続けているなどの経験を話され、中村さんからは人材育成の流れをつくる、それを応援する仕組みをつくる。…こんなことを目標にしてはどうかという提案があり…ここで散会になりました。

皆様、ご参加ありがとうございました。

報告
4

幻に終わった福生の企画案

中村　滝男

わたしは、実現できなかった企画についてご紹介することはめったにありません。しかし、故津戸英守会長をはじめ、鈴木君子さん、福生アカデミーの野村亮代表などと相談・協力してまとめた企画案ですので、追悼の意味も込めて本号でご紹介させていただきます。

下記の申請書の内容は、故津戸英守会長の指示により２０１５年秋から準備に入り、２０１６年1月15日付けで、「公益財団法人　とうきゅう環境財団」の「２０１６年度　多摩川およびその流域の環境浄化に関する調査・試験研究助成金」に交付申請したものです。

【事業名】

昭和19年に多摩川流域に野鳥村を構想した中西悟堂研究大会

【目的】

中西悟堂氏は明治28年11月16日金沢市生まれ。15歳の時に深大寺で得度。仏教関係の学校等を経て文学を志すが、烏山で木食生活を送った後、善福寺に居住して生き物の観察などを行う。昭和9年に善福寺の自宅を事務所に日本野鳥の会を創設。戦局の悪化した昭和19年に、西多摩の福生町（現福生市）に日本野鳥の会事務所と共に転居。「中西野鳥研究所」を母体に『野鳥村』建設を目指したが戦時下のトラブルで断念。戦後は福生から多摩川対岸の二宮に仮寓。その後、世田谷区砧に居住し、晩年は横浜市に移住後、89歳で没。没後31年・生誕120年の平成27年5月10日（バードウィーク）に、有志により福生市加美坂公園に記念プレートを設置し、生誕120年にあたる11月16日に同地で偲ぶ集いを開催した。武蔵野の自然を愛した中西悟堂氏は、青梅市御岳など多摩川流域に多くの野鳥保護にかかわる業績を残しているが、『野鳥村』建設構想の地が福生市にあることは多摩川流域の人々にもあまり知られていない。そこで、平成28年11月16日（火）～20日（日）に、福生市で記念の森のアート展、探鳥会、シンポジュウムなどを開催し、中西悟堂氏の業績を顕彰するとともに、中西悟堂氏の自然観（生命共生の思想）が、生誕121年目にあたる現在にどのように継承・発展しているか検証し、成果を出版して全国的にも広めていくことを目的とする。

（1）調査・試験研究の内容（具体的かつ詳細に記入）

①　規模

11月16日～20日までの5日間に各100名、合計500名の参加者を予定している。

中西悟堂氏は国の文化功労者に叙せられるなど著名な文学者だったが、38歳で日本野鳥の会を創設後は、多摩川流域に野鳥保護に関連した活動の業績が数多く残されている。

平成28年11月16日の生誕日（121年）には、中西悟堂記念の森で屋外展示を行い、中西悟堂ゆかりのタペストリーなど30点を展示するほか、11月19日～20日には探鳥会やシンポジュウムを行う。

11月19日は、野鳥村（サンクチュアリ）、探鳥会、自然保護の法制度の歴史と現状の3つの分科会を開催し、それぞれ、助言者を付けて専門の立場から発表してもらう。

11月20日は、記念講演、分科会のまとめのパネルディスカッション、中西悟堂作詞の鳥の歌の発表、中西悟堂賞の表彰式等を行う。

②方法

実行委員会の参加団体とボランティアによって運営する。

全体の運営はＮＰＯ法人自然環境アカデミーが担当する。

中西悟堂記念の森の展示会は、中西悟堂協会と公益社団法人生態系トラスト協会の野鳥居・中西悟堂基金が資料を提供する。

分科会、記念講演とパネルディスカッションは中西悟堂協会と日本野鳥の会奥多摩支部が担当する。

鳥の歌は地域の小学校や童謡合唱団などに依頼する。

分科会の発表者は、多摩川流域の自然関係施設・団体・個人等の約10名に、それぞれの地域や施設の取り組みの歴史や現状について報告していただく。

記念講演は、上智大学名誉教授の磯崎博司先生に、中西悟堂作詞の鳥の歌の講評は、作詞家の湯川れい子さんにお願いする予定である。

③手順

行事案内のチラシ・ポスターの作成（4～5月）

同上、配布（6月～9月）

11月16日～20日　行事期間

11月21日～平成29年1月20日（報告書編集・印刷）

平成19年1月21日～3月15日（報告書配布）

配布は、関係団体等を通じて行う。

（2）調査・試験研究の場所

福生市加美上水公園（屋外展示）

福生市市民会館（シンポジュウムの分科会、記念講演、パネルディスカッション、鳥の歌、表彰式等）

〈調査・試験研究の効果〉

1、中西悟堂が多摩川流域をはじめとして、全国的に鳥獣保護活動を行った業績が明らかになる。

2、記念の森での展示会、シンポジュウム等を通じて、多くの人々が多摩川周辺の自然と歴史に関心を高め、理解を深める。

3、将来的に中西悟堂の視点で地域や日本の歴史を評価する視点が養われる。

【助成金の申請の概要】
＊下記の費用の詳細な一覧表を作成しました。
（1）消耗品費
（2）旅費
（3）謝金
（4）その他（チラシ・ポスター作成費＆郵送費）

【講師等の予定】
〈記念講演講師〉磯崎博司
〈鳥の歌講評〉湯川れい子
〈分科会講師〉林正敏、菅常雄、野村亮、
鈴木茂也、白川郁栄

報告
5

ゴドウビタキ（愛称）顛末記

手島　英次郎

ゴドウビタキ
悟堂山荘により接近

昨年（２０１７）に続き今年（２０１８）も営巣が確認されました。

昨年よりも悟堂山荘により近いS氏邸です。

今年の初認は3月26日で夫婦です。

27日には囀りを聴くことができました。

2018.03.26 尉鶲♂

2018.03.26 尉鶲♀

その後4月24日にエサ運びを確認しましたが営巣場所まではわかりませんでした。

5月8日に山路氏と友人3人で営巣場所の捜査を行いましたが不明のままでした。

6月1日鎌倉の友人が巣立ち雛の写真を撮ってくれました。

子供は4羽いたとのことでした。

7月の初旬S氏邸で繁殖し

2018.06.01 ゴドウビタキ幼

ていることが判明。

7月18日に山路氏と友人3人で訪問2番子5羽を写真に収めました。

7月29日巣立ち。30日営巣巣を確保、31日山路氏と友人3名で巣の調査を行いました。

9月17日中村代表代行が我が家に来られゴドウビタキを確認。

この時は両親と息子2羽、娘1羽でした。

以後中村氏の命により毎日何時まで居るのか確認することになりました。

結果は10月13日オス親子、10月21日メス親子の終認(目視での)です。

このころから我が家から数百メートル離れたところで冬ジョウビタキが確認され始め、ゴドウビタキか冬ジョウビタキかの区別が分からなくなりました。

声だけは24日まで確認できましたが以後11月2日まで我が家の周りでは確認できていません。来年(2019)は我が家でも営巣してもらえるようウッドデッキの下に営巣場所を作りました。我が家と悟堂山荘の間は約20mくらいか。写真は我が家の窓から見た悟堂山荘。

2018.07.18 ゴドウビタキ2番子

2018.07.18 ゴドウビタキ営巣場所

2019.01.08 窓から見た悟堂山荘

2019.01.08 我が家の営巣予定場所

*ゴドウビタキについては『野鳥居』7・8号をご参照ください。

事務局だより

❶ 宇津木充さん作曲の中西悟堂「とりのうた」演奏会の報告

中西悟堂協会あてに宇津木充さんから年賀状がありました。故津戸英守会長の追悼の気持ちが伝わるような「演奏会」が５月10日に開催されるというお知らせもありました。

せめて、本号は演奏会の行われる５月10日日に間に合わせて発行したいと考えて努力しましたが、４月〜５月の10連休の壁もあって、残念ながら間に合いそうもありません。

演奏会には、小谷ハルノさん、川﨑徹郎・晶子ご夫妻がご参加されるということでしたので、演奏会の報告は次号『野鳥居』10号に期待しています。

2 親子で自然体験『春の八色鳥村』イベントを開催

生態系トラスト協会では、去る4月28日、高知県で「親子で自然体験『春の八色鳥村』イベント」を開催したところ、大勢の親子の参加がありました。

『八色鳥村』構想は、1944年（昭和19年）に現在の福生市で中西悟堂氏が企画した『野鳥村』構想に端を発しています。

故津戸英守会長のご遺志を継続するには、次の世代を担う子どもたちに、中西悟堂氏の生き方を具体的に伝えていく必要があると考えます。その意味で、鈴木君子さんが居住されている奥多摩地区から活動を再開できないかと考えています。

中村滝男

ヤッホー展望台

山菜天ぷら料理体験

編集後記

●ぼんやりと、素敵なおじいさまと憧れていた中西先生ですが、最近になって改めてすごい人だと認識しだしました。自然に対する純粋な好奇心、博識、信念、人を感化する力と実行力。これからの時代にこそ中西悟堂から学ぶことは多いのではないかと思います。『野鳥居』が人をつなぎ、生きとし生けるものの尊重につながる雑誌になりますように。（晶）

●私は長く愛鳥教育の仕事をしていた関係で、中村滝男氏に新たな『野鳥居』の編集委員にと声をかけられました。本号は津戸英守氏の追悼特集ということで、私の存じあげない津戸氏を知り、改めて存在の大きさを知ることができました。また、常に情熱を注ぎ、多くの方との関係を大切にされた素晴らしい方であったと感銘を受けました。本号が津戸氏の想いを引き継ぎ、新たなスタートとなることを願っております。（利）

●昭和19年に中西悟堂氏が構想した夢の『野鳥村』跡地は現在の加美上水公園で、中西悟堂協会で記念プレートを設置した他、これまで「中西悟堂を偲ぶ集い」、昨年は「津戸英守会長を偲ぶ集い」なども開催してきました。福生市に隣接する羽村市の住民ですが、福生方面にお立ち寄りの際にご連絡いただければご案内させていただきます。（君）

●八重子夫人のご紹介で運命的に出会った故津戸英守会長のご遺志を受け継いで、新メンバー2名と旧メンバー2名の4名で『野鳥居』9号を継続して発行することが決まりました。「中西悟堂」という時代の魁となった人物の生き方や思想に学び、戦時中においてさえ情熱を傾けた「夢の野鳥村」構想の灯を消すことなく、人が野生生物と共生する地球を次世代に引き継いでいくことを目指して、可能な限り『野鳥居』の継続発行に取り組んでいきたいと考えています。（滝）

〈補記〉

●津戸英守氏の野鳥保護に関係する業績として『津戸基金』についてご紹介します。「津戸基金は，1987年に日本鳥学会会員津戸英守氏が，日本の鳥学発展のために寄付された寄付金の運用のために設立されたもので，鳥学に関するシンポジウムの開催を助成する基金である（詳細は日鳥学会誌36（2/3）：128-129を参照）．」また、2019年度の津戸基金によるシンポジウムの公募（2019年5月31日締切）となっていました。

バックナンバー紹介

発行：生態系トラスト協会

野鳥居　第4号
B5版 128ページ
平成21年1月30日発行
中西悟堂協会編
定価2,000円

野鳥居　第3号
B5版 128ページ
平成20年3月20日発行
中西悟堂研究会編
定価2,000円

野鳥居　第2号
B5版 106ページ
平成19年5月1日発行
中西悟堂研究会編
定価1,500円

野鳥居　創刊号
B5版 94ページ
平成18年8月5日発行
定価1,000円
＊創刊号の在庫はありません

野鳥居　第8号
A5版 96ページ
平成29年9月1日発行
中西悟堂協会編
定価1,500円

野鳥居　第7号
A5版 78ページ
平成27年3月10日発行
中西悟堂協会編
定価1,500円

野鳥居　第6号
A5版 72ページ
平成25年6月10日発行
中西悟堂協会編
定価1,500円

野鳥居　第5号
A5版 81ページ
平成24年5月1日発行
中西悟堂協会編
定価1,500円

＊バックナンバーご希望の方は、電話・FAX・メール等で事務局までお申込みください。

中西悟堂 Godo's History 年譜

年号	西暦	年齢	経歴
明治28年	1895	0	11月16日　石川県金沢市に生まれる。幼名富嗣。
明治29年	1896	1	実父富男、日清戦争にて戦病死。実母タイ、実家に戻り消息を絶つ。父の長兄中西家十代の元治郎(後の悟玄)の養子となる。
明治33年	1900	4	この頃より四書五経を学び千文字を書写。この年の書初め「精神一倒何事不成、陽気発所金石透」が明治天皇の天覧に供せられた。
明治34年	1901	5	最後の加賀藩士祖父綱之助重勝が死去。
明治38年	1905	9	板垣退助の側近で政治活動に奔命、渡米していた養父が帰国。仏門に入り、上野寛永寺東漸院に富嗣を伴って住む。富嗣幼児虚弱の為、秩父の山中の寺に預けられ、座行、滝の行、断食の行を行い強健な身体に変わる。この時、鳥に親しみ又透視力も付く。
明治40年	1907	11	養父悟玄が調布市深大寺の末寺祇園寺の住職となり、富嗣も共に移る。
明治44年	1911	15	富治の将来を案じる養父の考えにより天台宗の深大寺にて得度し僧籍に入り、悟堂と改名する。
明治45年(大正元年)	1912	16	本郷駒込の天台宗学林の第二学年に入学。上野山内の東部寮に入る。
大正2年	1913	17	悟玄は己が病の重きを知り、禅宗の高僧高田道見師に悟堂を託す。道見師の認可僧堂愛媛県瑞応寺で禅の修業をする。半年で帰京、曹洞宗学林(現在の世田谷学園)に編入学。
大正3年	1914	18	悟玄死去
大正5年	1916	20	在学中目を損傷し、何回か失明開眼を繰り返し、20歳で漸く全快、卒業。この間、短歌を作り随筆、小説も試みる。抒情詩社に出入りし、茂吉、牧水、光太郎らを知る。第一歌集『唱名』出版。

大正8年	1919	23	義妹続いて祖母の死に逢い、ノート1冊を懐に放浪の旅に出る。旅先で天台宗中学の親友に逢い、その依頼をうけ山陰安来町の長楽寺、のち松江普門院の住職となる。
大正12年	1923	27	関東大震災を契機として住職を辞し上京。文筆生活に入る。大正11年には第一詩集『東京市』を出版。
大正15年（昭和元年）	1926	30	この頃思想上の煩悶多く、一切を捨てて自己凝視に徹せんとする。千歳村烏山の武蔵野の一角に住み、火食を絶って木食生活に入る。読書著作の傍ら、鳥類、昆虫、爬虫類等の研究、生態観察に熱中する。タゴールやガンジーを媒介に、インドの探訪、インドの自然帰依に惹かれる。
昭和4年	1929	33	無一物の生活三年を経て社会復帰し、杉並区井荻町（善福寺風致地区内）に移る。昆虫、野鳥、蛇などと共棲して生態研究に没頭。その放飼の生態を記した文章が人々の興味と感動を呼び、評判となる。
昭和7年	1932	36	『蟲・鳥と生活する』発刊
昭和9年	1934	38	鳥学者内田清之介、黒田長礼、山階芳麿をはじめ、柳田国男、竹友藻風、荒木十畝、新村出氏等多数の文化人の推薦を受けて、3月『日本野鳥の会』を創立。5月機関紙『野鳥』を創刊。6月日本最初の探鳥会を富士山麓日野屋林にて催す。各界の諸名士参加して感激の詩文を発表。
昭和10年	1935	39	放飼の記録『野鳥と共に』を出版。ベストセラーとなり、悟堂の造語『野鳥』は国語として定着する。善福寺風致地区を禁猟区とし、民間初めての巣箱の架設を実施。
昭和11年	1936	40	会の活動を全国に拡げる拠点として支部を巡次設立、運動の拡大に努める。『野鳥』の知識の普及、愛護の思潮の浸透を計る。各地探鳥会の開催、14年には『研究部』を設けて青年の研究を促進助成、自身も数百座の山岳高地を跋渉、鳥類の分布生態を研究しつづける。『昆蟲読本』『野鳥ガイド』『野禽の中に』『野鳥を訪ねて』等相ついで出版。詩歌の面でも『山岳詩集』『叢林の歌』を刊行。11年岩上八重子と結婚。12年長女ハルノ、16年長男一之、18年二女博子誕生。

年号	西暦	年齢	経歴
昭和19年	1944	48	東京都西多摩郡福生町に移る。多摩川沿いの山林を広く求め、書斎を建て野鳥村のてがかりにもと企画したが、太平洋戦争の時局切迫して困難となる。機関誌「野鳥」が資金難、用紙の配給停止により、廃刊の止むなきに至る。
昭和20年	1945	49	山形市外南村山郡本沢村に疎開。終戦となり年末に一家上京。西多摩郡東秋留村の農家の蚕室に仮寓する。西多摩山地を歩き尽くす。
昭和22年	1947	51	終戦後の21年、会員の希望により『自然と四季』を発刊。『野鳥』は10年間赤字続きであった為、分野を広げてみようとの試み。しかし、旧会員の『野鳥』への要望強く、『自然と四季』は5回で終刊。22年4月野鳥再刊第一号を発刊。日本野鳥の会再出発。鳥類保護連盟が設立され、その評議員となり、日本鳥学会の委員ともなる。23年には国際鳥類保護会議終身代表に選ばれる。
昭和26年	1951	55	宮中御歌所の新年詠進歌に入選。歌御会始に列席。翌年夏より発心して裸生活を始める。
昭和29年	1954	58	世田谷区砧町に新築移転。都心に戻り寸暇のない活動がつづく。空気銃の抑制、かすみ網の撲滅に長い闘争をつづけ、昭和32年霞網使用は遂に国禁となる。
昭和31年	1956	60	『野鳥と生きて』がエッセイストクラブ賞を受ける。ほかに『鳥と語る』『鳥影抄』『鳥山河』『尾瀬の鳥』『万葉の鳥』『少年博物館』等々を相ついで刊行。歌集『安達太良』も出版。鳥獣審議会委員となる。
昭和34年	1959	63	天台座主より鳥獣保護の功により権僧正を特授。
昭和38年	1963	67	長い国会闘争を経て、『鳥獣保護法』が成立、『狩猟法』に終止符をうつ。都道府県鳥の制定をすすめる。
昭和41年	1966	70	『定本野鳥記全八巻』、読売文学賞をうける。
昭和45年	1970	74	戦後の自然環境の破壊甚大であることを憂慮、環境保全の為挺身する。霧ケ峰の観光道路新設阻止、奈良県大台ケ原山上の森林皆伐の防止、琵琶湖の全面禁猟、除草剤245Tの使用中止等。「日本野鳥の会」を財団法人とする。日本詩人クラブの会長となる。

昭和47年	1972	76	環状八号線が砧町の家の一部にかかり、騒音を避けて横浜市中区山手町に移る。
昭和48年	1973	77	宮中歌御会始の召人となり参内。 平凡社『アニマ』を創刊、監修を委嘱される。同誌に『愛鳥自伝』を長期連載。 白内障を手術して両眼の水晶体を除去する。少年時の眼病のため視力充分には回復せず。 サンクチュアリー第1号建設のために力を尽くす。
昭和52年	1977	81	社会への貢献大なりとし国から文化功労章を贈られる。
昭和53年	1978	82	尾崎一雄、荒垣秀雄、中村漁波林等と月刊同人誌『連峰』を出し、精力的に執筆をつづける。
昭和55年	1980	85	会の運営につき事務局と方針相容れず、会長辞任の挨拶状を公にして脱退する。
昭和56年	1981	86	全支部長の復帰要請により名誉会長に就任。昭和天皇80歳の賀宴に招かれ参内。
昭和59年	1984	89・88	夏より下肢にむくみが出、9月順天堂病院に検査入院。10月退院したが急激に衰弱すすみ11月横浜港南台病院に再入院。加療の余地なく12月11日午後8時満89歳にて死去。病名は転移性肝臓癌。鎌倉霊園ね地区1側75号に埋葬。戒名は遺言に従い無い。
没後			同年12月11日付にて勲二等瑞宝章を追贈。正四位に叙せられる。天台座主より僧正の位を追贈される。 昭和60年5月野鳥に関する悟堂蔵書及び野鳥剥製標本を我孫子市の山階鳥類研究所へ寄贈。 昭和62年5月一般蔵書を神奈川県立神奈川近代文学館に寄贈。

野鳥居《やちょうきょ》 第9号

発　行　令和元年5月30日
編　者　中西悟堂協会
『野鳥居』編集委員：川﨑晶子、島田利子、鈴木君子、中村滝男
編集協力　白川郁栄（表紙・口絵デザイン）
発行所　公益社団法人生態系トラスト協会
〒786-0301　高知県高岡郡四万十町大正31-1
TEL/FAX 050-8800-2816
http://wwwd.pikara.ne.jp/ecotrust
印刷所　共和印刷株式会社

＊郵便振り替えをご利用いただく場合、
加入者名　公益社団法人生態系トラスト協会
口座番号　01640-4-39963

＊『野鳥居中西悟堂基金』専用口座
みずほ銀行　高知支店653　普通預金　1898077

定価は裏表紙に表示してあります。
落丁、乱丁本はお取替えします。

Printed Japan ISBN978-4-903691-09-1

表紙／1934年に第1回探鳥会が開催された須走登山口にある富士浅間神社